海上絲綢之路基本文獻叢書

續茶經（下）

〔清〕陸廷燦　輯

文物出版社

圖書在版編目（CIP）數據

續茶經．下 /（清）陸廷燦輯．-- 北京 : 文物出版社，2023.3
（海上絲綢之路基本文獻叢書）
ISBN 978-7-5010-7927-8

Ⅰ．①續… Ⅱ．①陸… Ⅲ．①茶文化－中國－古代 Ⅳ．① TS971.21

中國國家版本館 CIP 數據核字（2023）第 026236 號

海上絲綢之路基本文獻叢書
續茶經（下）

輯　　者：〔清〕陸廷燦
策　　劃：盛世博閱（北京）文化有限責任公司

封面設計：鞏榮彪
責任編輯：劉永海
責任印製：王　芳

出版發行：文物出版社
社　　址：北京市東城區東直門内北小街 2 號樓
郵　　編：100007
網　　址：http://www.wenwu.com
經　　銷：新華書店
印　　刷：河北賽文印刷有限公司
開　　本：787mm×1092mm　1/16
印　　張：16.75
版　　次：2023 年 3 月第 1 版
印　　次：2023 年 3 月第 1 次印刷
書　　號：ISBN 978-7-5010-7927-8
定　　價：98.00 圓

總緒

海上絲綢之路，一般意義上是指從秦漢至鴉片戰争前中國與世界進行政治、經濟、文化交流的海上通道，主要分爲經由黄海、東海的海路最終抵達日本列島及朝鮮半島的東海航綫和以徐聞、合浦、廣州、泉州爲起點通往東南亞及印度洋地區的南海航綫。

在中國古代文獻中，最早、最詳細記載『海上絲綢之路』航綫的是東漢班固的《漢書·地理志》，詳細記載了西漢黄門譯長率領應募者入海『齎黄金雜繒而往』之事，書中所出現的地理記載與東南亞地區相關，并與實際的地理狀况基本相符。

東漢後，中國進入魏晋南北朝長達三百多年的分裂割據時期，絲路上的交往也走向低谷。這一時期的絲路交往，以法顯的西行最爲著名。法顯作爲從陸路西行到印度，再由海路回國的第一人，根據親身經歷所寫的《佛國記》（又稱《法顯傳》）一書，詳細介紹了古代中亞和印度、巴基斯坦、斯里蘭卡等地的歷史及風土人情，是瞭解和研究海陸絲綢之路的珍貴歷史資料。

隨着隋唐的統一，中國經濟重心的南移，中國與西方交通以海路爲主，海上絲綢之路進入大發展時期。廣州成爲唐朝最大的海外貿易中心，朝廷設立市舶司，專門管理海外貿易。唐代著名的地理學家賈耽（七三〇～八〇五年）的《皇華四達記》記載了從廣州通往阿拉伯地區的海上交通『廣州通海夷道』，詳述了從廣州港出發，經越南、馬來半島、蘇門答臘島至印度、錫蘭，直至波斯灣沿岸各國的航綫及沿途地區的方位、名稱、島礁、山川、民俗等。譯經大師義净西行求法，將沿途見聞寫成著作《大唐西域求法高僧傳》，詳細記載了海上絲綢之路的發展變化，是我們瞭解絲綢之路不可多得的第一手資料。

宋代的造船技術和航海技術顯著提高，指南針廣泛應用於航海，中國商船的遠航能力大大提升。北宋徐兢的《宣和奉使高麗圖經》詳細記述了船舶製造、海洋地理和往來航綫，是研究宋代海外交通史、中朝友好關係史、中朝經濟文化交流史的重要文獻。南宋趙汝适《諸蕃志》記載，南海有五十三個國家和地區與南宋通商貿易，形成了通往日本、高麗、東南亞、印度、波斯、阿拉伯等地的『海上絲綢之路』。宋代爲了加强商貿往來，於北宋神宗元豐三年（一〇八〇年）頒布了中國歷史上第一部海洋貿易管理條例《廣州市舶條法》，并稱爲宋代貿易管理的制度範本。

元朝在經濟上採用重商主義政策，鼓勵海外貿易，中國與世界的聯繫與交往非常頻繁，其中馬可·波羅、伊本·白圖泰等旅行家來到中國，留下了大量的旅行記，記録元代海上絲綢之路的盛况。元代的汪大淵兩次出海，撰寫出《島夷志略》一書，記録了二百多個國名和地名，其中不少首次見於中國著録，涉及的地理範圍東至菲律賓群島，西至非洲。這些都反映了元朝時中西經濟文化交流的豐富内容。

明、清政府先後多次實施海禁政策，海上絲綢之路的貿易逐漸衰落。但是從明永樂三年至明宣德八年的二十八年裏，鄭和率船隊七下西洋，先後到達的國家多達三十多個，在進行經貿交流的同時，也極大地促進了中外文化的交流，這些都詳見於《西洋蕃國志》《星槎勝覽》《瀛涯勝覽》等典籍中。

關於海上絲綢之路的文獻記述，除上述官員、學者、求法或傳教高僧以及旅行者的著作外，自《漢書》之後，歷代正史大都列有《地理志》《四夷傳》《西域傳》《外國傳》《蠻夷傳》《屬國傳》等篇章，加上唐宋以來衆多的典制類文獻、地方史志文獻，集中反映了歷代王朝對於周邊部族、政權以及西方世界的認識，都是關於海上絲綢之路的原始史料性文獻。

海上絲綢之路概念的形成，經歷了一個演變的過程。十九世紀七十年代德國地理學家費迪南·馮·李希霍芬（Ferdinad Von Richthofen，一八三三～一九〇五），在其《中國：親身旅行和研究成果》第三卷中首次把輸出中國絲綢的東西陸路稱爲『絲綢之路』。有『歐洲漢學泰斗』之稱的法國漢學家沙畹（Édouard Chavannes，一八六五～一九一八），在其一九〇三年著作的《西突厥史料》中提出『絲路有海陸兩道』，蘊涵了海上絲綢之路最初提法。迄今發現最早正式提出『海上絲綢之路』一詞的是日本考古學家三杉隆敏，他在一九六七年出版《中國瓷器之旅：探索海上的絲綢之路》中首次使用『海上絲綢之路』一詞；一九七九年三杉隆敏又出版了《海上絲綢之路》一書，其立意和出發點局限在東西方之間的陶瓷貿易與交流史。

二十世紀八十年代以來，在海外交通史研究中，『海上絲綢之路』一詞逐漸成爲中外學術界廣泛接受的概念。根據姚楠等人研究，饒宗頤先生是中國學者中最早提出『海上絲綢之路』的人，他的《海道之絲路與昆侖舶》正式提出『海上絲路』的稱謂。選堂先生評價海上絲綢之路是外交、貿易和文化交流作用的通道。此後，學者馮蔚然在一九七八年編寫的《航運史話》中，也使用了『海上絲綢之路』一詞，此書更多地限於航海活動領域的考察。一九八〇年北京大學陳炎教授提出『海上絲綢之路』研究，并於一九八一年發表《略論海上絲綢之路》一文。他對海上絲綢之路的理解超越以往，且帶有濃厚的愛國主義思想。陳炎教授之後，從事研究海上絲綢之路的學者越來越多，尤其沿海港口城市向聯合國申請海上絲綢之路非物質文化遺産活動，將海上絲綢之路研究推向新高潮。另外，國家把建設『絲綢之路經濟帶』和『二十一世紀海上絲綢之路』作爲對外發展方針，將這一學術課題提升爲國家願景的高度，使海上絲綢之路形成超越學術進入政經層面的熱潮。

與海上絲綢之路學的萬千氣象相對應，海上絲綢之路文獻的整理工作仍顯滯後，遠遠跟不上突飛猛進的研究進展。二〇一八年厦門大學、中山大學等單位聯合發起『海上絲綢之路文獻集成』專案，尚在醖釀當中。我們不揣淺陋，深入調查，廣泛搜集，將有關海上絲綢之路的原始史料文獻和研究文獻，分爲風俗物産、雜史筆記、海防海事、典章檔案等六個類別，彙編成《海上絲綢之路歷史文化叢書》，於二〇二〇年影印出版。此輯面市以來，深受各大圖書館及相關研究者好評。爲讓更多的讀者親近古籍文獻，我們遴選出前編中的菁華，彙編成《海上絲綢之路基本文獻叢書》，以單行本影印出版，以饗讀者，以期爲讀者展現出一幅幅中外經濟文化交流的精美畫卷，爲海上絲綢之路的研究提供歷史借鑒，爲『二十一世紀海上絲綢之路』倡議構想的實踐做好歷史的詮釋和注脚，從而達到『以史爲鑒』『古爲今用』的目的。

凡例

一、本編注重史料的珍稀性，從《海上絲綢之路歷史文化叢書》中遴選出菁華，擬出版數百册單行本。

二、本編所選之文獻，其編纂的年代下限至一九四九年。

三、本編排序無嚴格定式，所選之文獻篇幅以二百餘頁爲宜，以便讀者閱讀使用。

四、本編所選文獻，每種前皆注明版本、著者。

五、本編文獻皆爲影印，原始文本掃描之後經過修復處理，仍存原式，少數文獻由於原始底本欠佳，略有模糊之處，不影響閱讀使用。

六、本編原始底本非一時一地之出版物，原書裝幀、開本多有不同，本書彙編之後，統一爲十六開右翻本。

目録

續茶經（下）

續茶經（下）

續茶經七之事至續茶經附録

〔清〕陸廷燦　輯

清雍正壽椿堂刻本

茶經
三

續茶經卷下

嘉定陸廷燦　幔亭　輯

七之事

晉書溫嶠表遣取供御之調條列眞上茶千片茗三百大薄

洛陽伽藍記王肅初入魏不食羊肉及酪漿等物常飯鯽魚羹渴飲茗汁京師士子道肅一飲一斗號爲漏巵後數年高祖見其食羊肉酪粥甚多謂肅曰羊肉何如魚羹茗飲何如酪漿肅對曰羊者是陸產之最魚者乃水族之長所好不同並各稱珍以味言之

甚是優劣牟比齊魯大邦魚比邾莒小國唯茗不中與酪作奴高祖大笑彭城王勰謂肅曰卿不重齊魯大邦而愛邾莒小國何也肅對曰鄉曲所美不得不好彭城王復謂曰卿明日顧我爲卿設邾莒之食亦有酪奴因此呼茗飲爲酪奴時給事中劉縞慕肅之風專習茗飲彭城王謂縞曰卿不慕王侯八珍而好蒼頭水厄海上有逐臭之夫里內有學顰之婦以卿言之卽是也蓋彭城王家有吳奴故以此言戲之後梁武帝子西豐侯蕭正德歸降時元乂欲爲設茗先問卿於水厄多少正德不曉乂意答曰下官生於本

鄉而立身以來未遭陽侯之難元乂與舉坐之客皆笑焉

海錄碎事 晉司徒長史王濛字仲祖好飲茶客至輒飲之士大夫甚以爲苦每欲候濛必云今日有水厄

續搜神記 桓宣武有一督將因時行病後虛熱更能飲複茗一斛二斗乃飽纔減升合便以爲不足非復一日家貧後有客造之正遇其飲複茗亦先聞世有此病仍令更進五升乃大吐有一物出如升大有口形質縮縐狀似牛肚客乃令置之於盆中以一斛二斗複澆之此物噏之都盡而止覺小脹又增五升便

悉混然從口中湧出旣吐此物其病遂瘥或問之此何病客答云此病名斛二瘕

潛確類書進士權紓文云隋文帝微時夢神人易其腦骨自爾腦痛不止後遇一僧曰山中有茗草煮而飲之當愈帝服之有效由是人競采啜因爲之贊其略曰窮春秋演河圖不如載茗一車

唐書太和七年罷吳蜀冬貢茶太和九年王涯獻茶以涯爲榷茶使茶之有稅自涯始十二月諸道鹽鐵轉運榷茶使令狐楚奏榷茶不便於民從之

陸龜蒙嗜茶置園顧渚山下歲取租茶自判品第張

又新爲水說七種其二惠山泉三虎邱井六淞江水人助其好者雖百里爲致之日登舟設蓬席齋束書茶竈筆牀釣具往來江湖間俗人造門罕覯其面時謂江湖散人或號天隨子甫里先生自比涪翁漁父江上丈人後以高士徵不至

國史補 故老云五十年前多患熱黃坊曲有專以烙黃爲業者灞滻諸水中常有晝坐至暮者謂之浸黃近代悉無而病腰腳者多乃飲茶所致也

韓晉公滉聞奉天之難以夾練囊盛茶末遣健步以進

黨魯使西番烹茶帳中番使問何爲者魯曰滌煩消渴所謂茶也番使曰我亦有之命取出以示曰此壽州者此顧渚者此蘄門者

唐趙璘因話錄陸羽有文學多奇思無一物不盡其妙茶術最著始造煎茶法至今鬻茶之家陶其像置煬突間祀爲茶神云宜茶足利鞏縣爲甆偶人號陸鴻漸買十茶器得一鴻漸市人沽茗不利輒灌注之復州一老僧是陸僧弟子常誦其六美歌且有追感陸僧詩

唐吳晦摭言鄭光業策試夜有同人突入吳語曰必

先必先可相容否光業爲輟半舖之地其人曰伏取一杓水更託煎一椀茶光業欣然爲取水煎茶居二日光業狀元及第其人啓謝曰旣煩取水更便煎茶當時不識貴人凡夫肉眼今日俄爲後進窮相骨頭

唐李義山雜纂富貴相擣藥碾茶聲

唐馮贄烟花記建陽進茶油花子餅大小形製各別極可愛宮嬪縷金於面皆以淡粧以此花餅施於鬢上時號北苑粧

唐玉泉子崔蠡知制誥丁太夫人憂居東都里第時尚苦節嗇四方寄遺茶藥而已不納金帛不異寒素

顏魯公帖廿九日南寺通師設茶會咸來靜坐離諸煩惱亦非無益足下此意語虞十一不可自外耳顏眞卿頓首頓首

開元遺事逸人王休居太白山下日與僧道異人往還每至冬時取溪氷敲其晶瑩者煮建茗共賓客飲之

李鄴侯家傳皇孫奉節王好詩初煎茶加酥椒之類遺泌求詩泌戲賦云旋沫翻成碧玉池添酥散出琉璃眼奉節王即德宗也

中朝故事有人授舒州牧贊皇公德裕謂之曰到彼

郡日天柱峯茶可惠數角其人獻數十斤李不受明年罷郡用意精求獲數角投之李閱而受之曰此茶可以消酒食毒乃命烹一甌沃於肉食內以銀合閉之詰旦視其肉已化爲水矣衆服其廣識

段公路北戶錄前朝短書雜說呼茗爲薄爲夾又梁科律有薄茗千夾云云

唐蘇鶚杜陽雜編唐德宗每賜同昌公主饌其茶有綠華紫英之號

鳳翔退耕傳元和時館閣湯飲待學士者煎麒麟草

溫庭筠採茶錄李約字存博汧公子也一生不近粉

黛雅度簡遠有山林之致性嗜茶能自煎嘗謂人曰當使湯無妄沸庶可養茶始則魚目散布微微有聲中則四際泉湧纍纍若貫珠終則騰波鼓浪水氣全消此謂老湯三沸之法非活火不能成也客至不限甌數竟日爇火執持茶器弗倦曾奉使行至陝州硤石縣東愛其渠水清流旬日忘發

南部新書杜豳公悰位極人臣富貴無比嘗與同列言平生不稱意有三其一爲澧州刺史其二貶司農卿其三自西川移鎮廣陵舟次瞿塘爲駭浪所驚左右呼喚不至渴甚自潑湯茶喫也

大中三年東都進一僧年一百二十歲宣皇問服何藥而致此僧對曰臣少也賤不知藥性本好茶至處惟茶是求或出日過百餘椀如常日亦不下四五十椀因賜茶五十斤令居保壽寺名飲茶所曰茶寮

有胡生者失其名以釘鉸爲業居雪溪而近白蘋洲去厥居十餘步有古墳胡生每瀹茗必奠酹之嘗夢一人謂之曰吾姓柳平生善爲詩而嗜茗及死葬室在子今居之側常銜子之惠無以爲報欲教子爲詩胡生辭以不能柳强之曰但率子言之當有致矣既寤試構思果若有冥助者厥後遂工焉時人謂之胡

釘鋖詩梛當是梛惲也又一說列子終於鄭今墓在郊藪謂賢者之跡而或禁其樵牧焉里有胡生者性落魄家貧少爲洗鏡鎪釘之業遇有甘果名茶美醖輒祭於列御寇之祠壟以求聰慧而思學道歷稔忽夢一人取刀劃其腹以一卷書置於心腑及覺而吟咏之意皆工美之詞所得不由於師友也旣成卷軸尚不棄於猥賤之業眞隱者之風遠近號爲胡釘鋖云

張又新煎茶水記代宗朝李季卿刺湖州至維揚逢陸處士鴻漸李素熟陸名有傾蓋之歡因之赴郡泊揚子驛將食李曰陸君善於茶蓋天下聞名矣况揚

子南零水又殊絶今者二妙千載一遇何曠之乎命軍士謹信者操舟挈瓶深詣南零陸利器以俟之俄水至陸以杓揚其水曰江則江矣非南零者似臨岸之水使曰某操舟深入見者累百敢虛紿乎陸不言既而傾諸盆至半陸遽止之又以杓揚之曰自此南零者矣使蹶然大駭伏罪曰某自南零齎至岸舟蕩覆半至懼其尠挹岸水增之處士之鑒神鑒也其敢隱乎李與賓從數十人皆大駭愕

茶經本傳羽嗜茶著經三篇時鬻茶者至陶羽形置煬突間祀爲茶神有常伯熊者因羽論復廣著茶之

功御史大夫李季卿宣慰江南次臨淮知伯熊善煮茗召之伯熊執器前季卿爲再舉杯其後尚茶成風

金鑾密記　金鑾故例翰林當直學士春晚人困則日賜成象殿茶果

梅妃傳　唐明皇與梅妃鬭茶顧諸王戲曰此梅精也吹白玉笛作驚鴻舞一座光輝鬭茶今又勝吾矣妃應聲曰草木之戲悞勝陛下設使調和四海烹飪鼎鼐萬乘自有憲法賤妾何能較勝負也上大悅

杜鴻漸送茶與楊祭酒書　顧渚山中紫筍茶兩片一片上太夫人一片充昆弟同歡此物但恨帝未得嘗

實所嘆息

白孔六帖壽州刺史張鎰以餉錢百萬遺陸宣公贄公不受止受茶一串曰敢不承公之賜

海錄碎事鄧利云陸羽茶既爲癖酒亦稱狂

侯鯖錄唐右補闕綦毋煚音英博學有著述才性不飲茶嘗著伐茶飲序其畧曰釋滯消壅一日之利暫佳瘠氣耗精終身之累斯大獲益則歸功茶力貽患則不咎茶災豈非爲福近易知爲禍遠難見歟煚在集賢無何以熱疾暴終

茗溪漁隱叢話義興貢茶非舊也李栖筠典是邦僧

有獻佳茗陸羽以爲冠於他境可薦於上栖筠從之始進萬兩

合璧事類 唐肅宗賜張志和奴婢各一人志和配爲夫婦號漁童樵青漁童捧釣收綸蘆中鼓枻樵青蘇蘭薪桂竹裡煎茶

萬花谷 顧渚山茶記云山有鳥如鴝鵒而小蒼黃色每至正二月作聲云春起也至三四月作聲云春去也採茶人呼爲報春鳥

董逌陸羽點茶圖跋 竟陵大師積公嗜茶久非漸兒煎奉不嚮口羽出遊江湖四五載師絕於茶味代宗

召師入內供奉命宮人善茶者烹以餉師一啜而罷帝疑其詐令人私訪得羽召入翌日賜師齋密令羽煎茗遺之師捧甌喜動顏色且賞且啜一舉而盡上使問之師曰此茶有似漸兒所爲者帝由是歎師知茶出羽見之

蠻甌志白樂天方齋劉禹錫正病酒乃以菊苗虀蘆菔鮓餽樂天換取六斑茶以醒酒

詩話皮光業字文通最躭茗飲中表請嘗新柑筵具甚豐簪紱叢集纔至未顧尊罍而呼茶甚急徑進一巨觥題詩曰未見甘心氏先迎苦口師衆噱云此師

固清高難以療飢也

太平清話盧仝自號癖王陸龜蒙自號怪魁

潛確類書唐錢起字仲文與趙莒爲茶宴又嘗過長孫宅與朗上人作茶會俱有詩紀事

湘烟錄閔康侯曰羽著茶經爲李季卿所慢更著毁茶論其名疾字季疵者言爲季所疵也事詳傳中

吳興掌故錄長興啄木嶺唐時吳興毗陵二太守造茶修貢會宴於此上有境會亭故白居易有夜聞賈常州崔湖州茶山境會歡宴詩

包衡清賞錄唐文宗謂左右曰若不甲夜視事乙夜

觀書何以爲君嘗召學士於內庭論講經史較量文章宮人以下侍茶湯飲饌

名勝志唐陸羽宅在上饒縣東五里羽本竟陵人初隱吳興苕溪自號桑苧翁後寓信城時又號東岡子刺史姚驥嘗詣其宅鑿沼爲溟渤之狀積石爲嵩華之形後隱士沈洪喬葺而居之

饒州志陸羽茶竈在餘干縣冠山右峯羽嘗品越溪水爲天下第二故思居禪寺鑿石爲竈汲泉煮茶曰丹爐晉張氳作元大德時總管常福生從方士授爐下得藥二粒盛以金盒及歸開視失之

續博物志物有異體而相制者翡翠屑金人氣粉犀北人以鍼敲氷南人以線解茶

太平山川記茶葉寮五代時于履居之

類林五代時魯公和凝字成績在朝率同列遞日以茶相飲味劣者有罰號爲湯社

浪樓雜記天成四年度支奏朝臣乞假省覲者欲量賜茶藥文班自左右常侍至侍郎宜各賜蜀茶三觔蠟面茶二觔武班官各有差

馬令南唐書豐城毛炳好學家貧不能自給入廬山與諸生留講穫鏹即市酒盡醉時彭會好茶而炳好

酒時人爲之語曰彭生作賦茶三片毛氏傳詩酒半升

十國春秋楚王馬殷世家開平二年六月判官高郁請聽民售茶北客收其徵以贍軍從之秋七月王奏運茶河之南北以易繒纊戰馬仍歲貢茶二十五萬觔詔可由是屬内民得自擷山造茶而收其筭歲入萬計高另置邸閣居茗號曰八牀主人

荆南列傳文了吳僧也雅善烹茗擅絶一時武信王時來遊荆南延住紫雲禪院日試其藝王大加欣賞呼爲湯神奏授華亭水大師人皆目爲乳妖

〈談苑〉茶之精者北苑名白乳頭江左有金蠟面李氏別命取其乳作片或號曰京挺的乳二十餘品又有研膏茶卽龍品也

〈釋文瑩玉壺清話〉黄夷簡雅有詩名在錢忠懿王俶幕中陪樽俎二十年開寶初太祖賜俶開吳鎮越崇文耀武功臣制誥俶遣夷簡入謝於朝歸而稱疾於安溪别業保身潛遁著山居詩有宿雨一番蔬甲嫩春山幾焙茗旗香之句雅喜治宅咸平中歸朝爲光祿寺少卿後以壽終焉

〈五雜俎〉建人喜鬬茶故稱茗戰錢氏子弟取霅上瓜

各言其中子之的數

猶堪戰瓜則俗矣

潛確類書僞閩甘露堂前有茶樹兩株鬱茂婆娑宮人呼爲清人樹每春初嬪嬙戲於其下採摘新芽於堂中設傾筐會

宋史紹興四年初命四川宣撫司支茶博馬

舊賜大臣茶有龍鳳飾明德太后曰此豈人臣可得命有司別製入香京挺以賜之

宋史職官志茶庫掌茶江浙荆湖建劍茶茗以給翰林諸司賞賚出鬻

宋史錢俶傳太平興國三年宴俶長春殿令劉鋹李煜預坐俶貢茶十萬斤建茶萬斤及銀絹等物

甲申雜記仁宗朝春試進士集英殿后妃御太清樓觀之慈聖光獻出餅角以賜進士出七寶茶以賜考官

玉海宋仁宗天聖三年幸南御庄觀刈麥遂幸玉津園燕羣臣聞民舍機杼賜織婦茶綵

陶穀清異錄有得建州茶膏取作耐重兒八枚膠以金縷獻於閩王曦遇通文之禍爲內侍所盜轉遺貴人

苻昭遠不喜茶嘗爲同列御史會茶嘆曰此物面目嚴冷了無和美之態可謂冷面草也

孫樵送茶與焦刑部書云晚甘侯十五人遣侍齋閣此徒皆乘雷而摘拜水而和蓋建陽丹山碧水之鄉月澗雲龕之品愼勿賤用之

湯悅有森伯頌蓋名茶也方飲而森然嚴乎齒牙既久而四肢森然二義一名非熟乎湯甌境界者誰能目之

吳僧梵川誓願燃頂供養雙林傅大士自往蒙頂山結庵種茶凡三年味方全美得絕佳者曰聖楊花吉

祥蘂共不逾五觔持歸供獻

宣城何子華邀客於剖金堂酒半出嘉陽嚴峻所畫陸羽像懸之子華因言前代惑駿逸者爲馬癖泥貫索者爲錢癖愛子者有譽兒癖躭書者有左傳癖若此叟溺於茗事何以名其癖楊粹仲曰茶雖珍未離草也宜追目陸氏爲甘草癖一座稱佳

類苑學士陶穀得黨太尉家姬取雪水烹團茶以飲謂姬曰黨家應不識此姬曰彼麤人安得有此但能於銷金帳中淺斟低唱飲羊膏兒酒耳陶深愧其言

胡嶠飛龍澗飲茶詩云沾牙舊姓餘甘氏破睡當封

不夜侯陶穀愛其新奇令猶子彝和之彝應聲云生涼好喚鷄蘇佛回味宜稱橄欖仙彝時年十二亦文詞之有基址者也

延福宮曲宴記 宣和二年十二月癸巳召宰執親王學士曲宴於延福宮命近侍取茶具親手注湯擊拂少項白乳浮盞面如疎星淡月顧諸臣曰此自烹茶飲畢皆頓首謝

宋朝紀事 洪邁選成唐詩萬首絕句表進壽皇宣諭閣學選擇甚精備見博洽賜茶一百夸清馥香一十貼薰香二十貼金器一百兩

乾淳歲時記仲春上旬福建漕司進第一綱茶名北苑試新方寸小夸進御止百夸護以黃羅輭盝藉以青蒻裹以黃羅夾複臣封朱印外用朱漆小匣鍍金鎖又以細竹絲織笈貯之凡數重此乃雀舌水芽所造一夸之值四十萬僅可供數甌之啜爾或以一二賜外邸則以生線分解轉遺好事以爲奇玩

南渡典儀車駕幸學講書官講訖御藥傳旨宣坐賜茶凡駕出儀衛有茶酒班殿侍兩行各三十一人

司馬光日記初除學士待詔李堯卿宣召稱有勅口宣畢再拜升階與待詔坐啜茶蓋中朝舊典也

歐陽脩龍茶錄後序皇祐中脩起居注奏事仁宗皇帝屢承天問以建安貢茶併所以試茶之狀諭臣論茶之舛謬臣追念先帝顧遇之恩覽本流涕輒加正定書之於石以永其傳

隨手雜錄子瞻在杭時一日中使至密謂子瞻曰某出京師辭官家官家曰辭了娘娘來某辭太后殿復到官家處引某至一櫃子旁出此一角密語曰賜與蘇軾不得令人知遂出所賜乃茶一斤封題皆御筆子瞻具劄附進稱謝

潘中散适爲處州守一日作醮其茶百二十盞皆乳

花內一盞如墨詰之則酌酒人誤酌茶中潘焚香再拜謝過卽成乳花僚吏皆驚嘆

石林燕語故事建州歲貢大龍鳳團茶各二觔以八餅爲觔仁宗時蔡君謨知建州始別擇茶之精者爲小龍團十觔以獻觔爲十餅仁宗以非故事命劾之大臣爲請因留而免劾然自是遂爲歲額熙寧中賈清爲福建運使又取小團之精者爲密雲龍以二十餅爲斤而雙袋謂之雙角團茶大小團袋皆用緋通以爲賜也密雲龍獨用黃蓋專以奉玉食其後又有瑞雲翔龍者宣和後團茶不復貴皆以爲賜亦不復

如向日之精後取其精者爲銙茶歲賜者不同不可勝紀矣

春渚記聞 東坡先生一日與魯直文潛諸人會飯既食骨䭔兒血羹客有須薄茶者因就取所碾龍團徧啜坐客或曰使龍茶能言當須稱屈

魏了翁先茶記 眉山李君鏗爲臨邛茶官吏以故事三日謁先茶君詰其故則曰是韓氏而王號相傳爲然實未嘗請命於朝也君曰飲食皆有先而況茶之爲利不惟民生食用之所資亦馬政邊防之攸賴是之弗圖非忘本乎於是撤舊祠而增廣焉且請於郡

上神之功狀於朝宣賜榮號以侈神賜而馳書於靖

命記成役

拊掌錄宋自崇寧後復榷茶法制日嚴私販者固已抵罪而商賈官券清納有限道路有程纖悉不如令則被擊斷或没貨出告昏愚者往往不免其儕乃目茶籠爲草大蟲言傷人如虎也

苕溪漁隱叢話歐公和劉原父揚州時會堂絶句云積雪猶封蒙頂樹驚雷未發建溪春中州地煖萌芽早入貢宜先百物新注時會堂造貢茶所也余以陸羽茶經考之不言揚州出茶惟毛文錫茶譜云揚州

禪智寺隋之故宮寺傍蜀岡其茶甘香味如蒙頂焉第不知入貢之因起何時也

盧溪詩話雙井老人以青沙蠟紙裹細茶寄人不過二兩

青瑣詩話大丞相李公昉嘗言唐時目外鎮爲麤官有學士貽外鎮茶有詩謝云麄官乞與真虛擲賴有詩情合得嘗外鎮即薛能也

玉堂雜記淳熙丁酉十一月壬寅必大輪當內直上曰卿想不甚飲比賜宴時見卿面赤賜小春茶二十銙葉世英墨五團以代賜酒

陳師道後山叢談張忠定公令崇陽民以茶爲業公曰茶利厚官將取之不若早自異也命拔茶而植桑民以爲苦其後榷茶他縣皆失業而崇陽之桑皆已成其爲絹而北者歲百萬疋矣 又見名臣言行錄

文正李公既薨夫人誕日宋宣獻公時爲侍從公與其僚二十餘人詣第上壽拜於簾下宣獻前曰太夫人不飲以茶爲壽探懷出之注湯以獻復拜而去

張芸叟畫墁錄有唐茶品以陽羨爲上供建溪北苑未著也貞元中常袞爲建州刺史始蒸焙而研之謂研膏茶其後稍爲餅樣而穴其中故謂之一串陸羽

所烹惟是草茗爾迨本朝建溪獨盛採焙製作前世所未有也士大夫珍尚鑒別亦過古先丁晉公爲福建轉運使始製爲鳳團後爲龍團貢不過四十餅專擬上供即近臣之家徒聞之而未嘗見也天聖中又爲小團其品迥嘉於大團賜兩府然止於一斤唯上大齋宿兩府八人共賜小團一餅縷之以金八人析歸以侈非常之賜親知瞻玩賡唱以詩故歐陽永叔有龍茶小錄或以大團賜者輒刲方寸以供佛供仙奉家廟已而奉親并待客享子弟之用熙寧末神宗有旨建州製密雲龍其品又加於小團自密雲龍出

則二團少粗以不能兩好也予元祐中詳定殿試是年分爲制舉考第官各蒙賜三餅然親知誅責殆將不勝

熙寧中蘇子容使虜姚麟爲副曰盍載些小團茶乎子容曰此乃供上之物疇敢與虜人未幾有貴公子使虜廣貯團茶以往自爾虜人非團茶不納也非小團不貴也彼以二團易蕃羅一疋此以一羅酬四團少不滿意即形言語近有貴貂守邊以大團爲常供密雲龍爲好茶云

鶴林玉露　嶺南人以檳榔代茶

彭乘墨客揮犀蔡君謨議茶者莫敢對公發言建茶所以名重天下由公也後公製小團其品尤精於大團一日福唐蔡葉丞秘教召公啜小團坐久復有一客至公啜而味之曰此非獨小團必有大團雜之丞驚呼童詰之對曰本碾造二人茶繼有一客至造不及即以大團兼之丞神服公之明審

王荆公爲小學士時嘗訪君謨君謨聞公至喜甚自取絕品茶親滌器烹點以待公冀公稱賞公於夾袋中取消風散一撮投茶甌中併食之君謨失色公徐曰大好茶味君謨大笑且歎公之真率也

魯應龍閑窗括異志當湖德藏寺有水陸齋壇往歲富民沈忠建每設齋施主虔誠則茶現瑞花故花嚴然可睹亦一異也

周輝清波雜志先人嘗從張晉彥覓茶張答以二小詩云内家新賜密雲龍只到調元六七公賴有山家供小草猶堪詩老薦春風仇池詩裏識焦坑風味官焙可抗衡鑽餘權倖亦及我十輩遣前公試烹詩總得偶病此詩俾其子代書後誤刊于湖集中焦坑產庾嶺下味苦硬久方回甘如浮石已乾霜後水焦坑新試雨前茶東坡南還回至章貢顯聖寺詩也後屢

得之初非精品特彼人自以爲重包裹鑽權倖亦豈
能望建溪之勝

東京夢華錄舊曹門街北山子茶坊内有仙洞仙橋
士女往往夜遊吃茶於彼

五色線騎火茶不在火前不在火後故也清明改火
故曰騎火茶

夢溪筆談王城東素所厚惟楊大年公有一茶囊唯
大年至則取茶囊具茶他客莫與也

華夷花木考宋二帝北狩到一寺中有二石金剛並
拱手而立神像高大首觸桁棟別無供器止有石盂

香爐而已有一胡僧出入其中僧揖坐問何來帝以南來對僧呼童子點茶以進茶味甚香美再欲索飲胡僧與童子趨堂後而去移時不出入內求之寂然空舍惟竹林間有一小室中有石刻胡僧像並二童子侍立視之儼然如獻茶者

馬永卿《嬾真子錄》王元道嘗言陝西子仙姑傳云得道術能不食年約三十許不知其實年也陝西提刑陽翟李熙民逸老正直剛毅人也聞人所傳甚異乃往青平軍自驗之既見道貌高古不覺心服因曰欲獻茶一盃可乎姑曰不食茶久矣今勉強一啜既食

少頃垂兩手出玉雪如也須臾所食之茶從十指甲出凝於地色猶不變逾老令就地刮取且使嘗之香味如故因大奇之

朱子文集與志南上人書偶得安樂茶分上廿餅

陸放翁集同何元立蔡肩吾至丁東院汲泉煮茶詩云雲芽近自峩眉得不減紅囊顧渚春旋置風爐清樾下他年奇事屬三人

周必大集送陸務觀赴七閩提舉常平茶事詩云暮年桑苧毀茶經應爲征行不到閩今有雲孫持使節好因貢焙祀茶人

梅堯臣集晏成續太祝遺雙井茶五品茶具四枚近詩六十篇因賦詩爲謝

黃山谷集有博士王揚休碾密雲龍同事十三人飲之戲作

晁補之集和答曾敬之秘書見招能賦堂烹茶詩一盌分來百越春玉溪小暑却宜人紅塵他日同囬首能賦堂中偶坐身

蘇東坡集送周朝議守漢川詩云茶爲西南病甿俗記二李何人折其鋒矯矯六君子注二李杞與稷也六君子謂師道與姪正儒張永徽吳醇翁呂元鈞宋

文輔也蓋是時蜀茶病民二李乃始敝之人而六君子能持正論者也

僕在黃州參寥自吳中來訪舘之東坡一日夢見參寥所作詩覺而記其兩句云寒食清明都過了石泉槐火一時新後七年僕出守錢塘而參寥始卜居西湖智果寺院院有泉出石縫間甘冷宜茶寒食之明日僕與客汎湖自孤山來謁參寥汲泉鑽火烹黃蘗茶忽悟所夢詩兆於七年之前衆客皆驚歎知傳記所載非虛語也

東坡物類相感志芽茶得鹽不苦而甜又云喫茶多

腹脹以醋解之又云陳茶燒烟蠅速去

楊誠齋集謝傅尚書送茶遠餉新茗當自携大瓢走汲溪泉東澗底之散薪然折腳之石鼎烹玉塵啜香乳以享天上故人之惠愧無胸中之書傳但一味攪破菜園耳

鄭景龍續宋百家詩本朝孫志舉有訪王主簿同泛菊茶詩

呂元中豐樂泉記歐陽公既得釀泉一日會客有以新茶獻者公敕汲泉瀹之汲者道仆覆水僞汲他泉代公知其非釀泉詰之乃得是泉於幽谷山下因名

豐樂泉

〈侯鯖錄〉黄魯直云爛蒸同州羊沃以杏酪食之以七不以筯抹南京麪作槐葉冷淘糝以襄邑熟猪肉炊共城香稻用吳人鱠松江之鱸既飽以康山谷簾泉烹曾坑鬬品少焉卧北窻下使人誦東坡赤壁前後賦亦足少快 又見蘇長公外紀

〈蘇舜欽傳〉有興則泛小舟出盤閶二門吟嘯覽古渚茶野釀足以消憂

〈過庭錄〉劉貢父知長安妓有茶嬌者以色慧稱貢父惑之事傳一時貢父被召至闕歐陽永叔去城四十

五里逕之貢父以酒病未起永叔戲之曰非獨酒能病人茶亦能病人多矣

合璧事類覺林寺僧志崇製茶有三等待客以驚雷莢自奉以萱草帶供佛以紫茸香凡赴茶者輒以油囊盛餘瀝

江南有驛官以幹事自任白太守曰驛中已理請一閱之刺史乃徃初至一室爲酒庫諸醞皆熟其外懸一畫神問何也曰杜康刺史曰公有餘也又至一室爲茶庫諸茗畢備復懸畫神問何也曰陸鴻漸刺史盖喜又至一室爲葅庫諸組咸具亦有畫神問何也

曰蔡伯喈刺史大笑曰不必置此

江浙間養蠶皆以鹽藏其繭而繅絲恐蠶蛾之生也每繅畢即煎茶葉爲汁搗米粉搜之篩於茶汁中煮爲粥謂之洗甌粥聚族以啜之謂益明年之蠶

《經鉏堂雜志》松聲澗聲山禽聲夜蟲聲鶴聲琴聲棋落子聲雨滴堦聲雪灑窗聲煎茶聲皆聲之至清者

《松漠紀聞》燕京茶肆設雙陸局如南人茶肆中置棊具也

《夢粱錄》茶肆列花架安頓奇松異檜等物於其上裝飾店面敲打響盞又冬月添賣七寶擂茶饊子葱茶

茶肆樓上專安着妓女名曰花茶坊

南宋市肆記平康歌舘凡初登門有提瓶獻茗者雖杯茶亦犒數千謂之點花茶

諸處茶肆有清樂茶坊八仙茶坊珠子茶坊潘家茶坊連三茶坊連二茶坊等名

謝府有酒名勝茶

宋都城紀勝大茶坊皆掛名人書畫人情茶坊本以茶湯為正水茶坊乃娼家聊設菓凳以茶為由後生輩甘於費錢謂之乾茶錢又有提茶瓶及齪茶名色

臆乘楊衒之作洛陽伽藍記曰食有酪奴盞指茶為

酪粥之奴也

瑯環記昔有客遇茅君時當大暑茅君於手巾內解茶葉人與一葉客食之五內清涼茅君曰此蓬萊穆陀樹葉衆仙食之以當飲又有寶文之蕊食之不飢故謝幼貞詩云摘寶文之初蕊拾穆陀之墜葉

楊南峯手鏡載宋時姑蘇女子沈清友有續鮑令暉香茗賦

孫月峯坡仙食飲錄密雲龍茶極爲甘馨宋廖正一字明畧晚登蘇門子瞻大奇之時黃秦鼂張號蘇門四學士子瞻待之厚每至必令侍妾朝雲取密雲龍

烹以飲之一日又命取密雲龍家人謂是四學士窺之乃明略也山谷詩有矞雲龍亦茶名

嘉禾志煮茶亭在秀水縣西南湖中景德寺之東禪堂宋學士蘇軾與文長老嘗三過湖上汲水煮茶後人因建亭以識其勝今遺址尚存

名勝志茶仙亭在滁州瑯琊山宋時寺僧爲刺史曾肇建蓋取杜牧池州茶山病不飲酒詩誰知病太守猶得作茶仙之句子開詩云山僧獨好事爲我結茆茨茶仙榜草聖頗宗樊川詩蓋紹聖二年肇知是州也

陳眉公珍珠船蔡君謨謂范文正曰公採茶歌云黄金碾畔綠塵飛碧玉甌中翠濤起今茶絶品其色甚白翠綠乃下者耳欲改爲玉塵飛素濤起如何希文曰善

又蔡君謨嗜茶老病不能飲但把玩而已

潛確類書宋紹興中少卿曹戩避地南昌豐城縣其母喜茗飲山初無井戩乃齋戒祝天即院堂後斲地纔尺而清泉溢湧後人名爲孝感泉

大理徐恪建人也見貽鄉信鋌子茶茶面印文曰玉蟬膏一種曰清風使

蔡君謨善别茶建安能仁院有茶生石縫間蓋精品也寺僧採造得八餅號石巖白以四餅遺君謨以四餅密遣人走京師遺王内翰禹玉歲餘君謨被召還闕過訪禹玉禹玉命子弟於茶筒中選精品碾以待蔡蔡捧甌未嘗輒曰此極似能仁寺石巖白公何以得之禹玉未信索帖驗之乃服

〈月令廣義〉蜀之雅州名山縣蒙山有五峰峰頂有茶園中頂最高處曰上清峰産甘露茶昔有僧病冷且久嘗遇老父詢其病僧具告之父曰何不飲茶僧曰本以茶冷豈能止乎父曰是非常茶仙家有所謂雷

鳴者而亦聞乎僧曰未也父曰蒙之中頂有茶當以春分前後多搆人力俟雷之發聲併手採摘以多爲貴至三日乃止若獲一兩以本處水煎服能袪宿疾服二兩終身無病服三兩可以換骨服四兩即爲地仙但精潔治之無不效者僧因之中頂築室以俟及期獲一兩餘服未竟而病瘥惜不能久住博求而精健至八十餘氣力不衰時到城市觀其貌若年三十餘者眉髮紺綠後入青城山不知所終今四頂茶園不廢惟中頂草木繁茂重雲積霧蔽虧日月鷙獸時出人跡罕到矣

太平清話張文規以吳興白苧白蘋洲明月峽中茶爲三絶文規好學有文藻蘇子由孔武仲何正臣諸公皆與之游

夏茂卿茶董劉曄字子儀嘗與劉筠飲茶問左右湯滚也未衆曰已滚筠云僉曰鯀哉曄應聲曰吾與點也

黄魯直以小龍團半鋌題詩贈晁無咎有云曲几蒲團聽煮湯煎成車聲繞羊腸雞蘇胡麻留渴羌不應亂我官焙香東坡見之曰黄九恁地怎得不窮

陳詩敎灌園史杭妓周韶有詩名好蓄奇茗嘗與蔡

君謨鬬勝題品風味君謨屈焉

江參字貫道江南人形貌清癯嗜香茶以爲生

博學彙書司馬溫公與子瞻論茶墨云茶與墨二者正相反茶欲白墨欲黑茶欲重墨欲輕茶欲新墨欲陳蘇曰上茶妙墨俱香是其德同也皆堅是其操同也公嘆以爲然

元耶律楚材詩在西域作茶會値雪有高人惠我嶺南茶爛賞飛花雪沒車之句

雲林遺事光福徐達左搆養賢樓於鄧尉山中一時名士多集於此元鎭爲尤數焉嘗使童子入山擔七

寶泉以前桶煎茶以後桶濯足人不解其意或問之曰前者無觸故用煎茶後者或為泄氣所穢故以為濯足之用其潔癖如此

陳繼儒妮古錄至正辛丑九月三日與陳徵君同宿愚菴師房焚香煮茗圖石梁秋瀑翛然有出塵之趣黃鶴山人王蒙題畫

周敘遊嵩山記見會善寺中有元雪菴頭陀茶榜石刻字徑三寸許遒偉可觀

鍾嗣成錄鬼簿王實甫有蘇小郎月夜販茶船傳奇

吳興掌故錄明太祖喜顧渚茶定制歲貢止三十二

勅於清明前二日縣官親詣採茶進南京奉先殿焚香而已未嘗别有上供

七脩彙藁明洪武二十四年詔天下產茶之地歲有定額以建寧爲上聽茶戶採進勿預有司茶名有四探春先春次春紫筍不得碾揉爲大小龍團

楊維楨煮茶夢記鐵崖道人卧石牀移二更月微明及紙帳梅影亦及半窓寉孤立不鳴命小芸童汲白蓮泉燃稿湘竹授以凌霄芽爲飲供乃遊心太虛恍兮入夢

陸樹聲茶寮記園居敞小寮於嘯軒埤垣之西中設

茶竈凡瓢汲罌注濯拂之具咸庀擇一人稍通茗事者主之一人佐炊汲客至則茶煙隱隱起竹外其禪客過從予者與余相對結跏趺坐啜茗汁舉無生話時杪秋既望適園無諍居士與五臺僧演鎮終南僧明亮同試天池茶於茶寮中漫記

墨娥小錄千里茶細茶一兩五錢孩兒茶一兩柿霜一兩粉草末六錢薄荷葉三錢右爲細末調勻煉蜜丸如白豆大可以代茶便於行遠

湯臨川題飲茶錄陶學士謂湯者茶之司命此言最得三昧馮祭酒精於茶政手自料滌然後飲客客有

笑者余戲解之云此正如美人又如古法書名畫度可着俗漢手否

陸釴病逸漫記東宮出講必使左右迎請講官講畢則語東宮官云先生吃茶

玉堂叢語愧齋陳公性寬坦在翰林時夫人嘗試之會客至公呼茶夫人曰未煑公曰也罷又呼曰乾茶夫人曰未買公曰也罷客爲捧腹時號陳也罷

沈周客座新聞吳僧大機所居古屋三四間潔淨不容唾善瀹茗有古井清冽爲稱客至出一甌爲供飲之有滌腸湔胃之爽先公與交甚久亦嗜茶每入城

必至其所

〈沈周書岕茶別論後〉自古名山留以待羈人遷客而茶以資高士蓋造物有深意而周慶叔者爲岕茶別論以行之天下度銅山金穴中無此福又恐仰屠門而大嚼者未必領此味慶叔隱居長興所至載茶具邀余素甌黃葉間共相欣賞恨鴻漸君謨不見慶叔耳爲之覆茶三嘆

〈馮夢禎快雪堂漫錄〉李于鱗爲吾浙按察副使徐子與以岕茶之最精餉之比看子與於昭慶寺問及則已賞皁役矣蓋岕茶葉大梗多于鱗北士不遇宜也

紀之以發一笑

閔元衡玉壺冰良宵燕坐篝燈煮茗萬籟俱寂疏鐘時聞當此情景對簡編而忘疲徹衾枕而不御一樂也

甌江逸志永嘉歲進茶芽十斤樂清茶芽五斤瑞安平陽歲進亦如之

雁山五珍龍湫茶觀音竹金星草山樂官香魚也茶即明茶紫色而香者名玄茶其味皆似天池而稍薄

王世懋二酉委譚余性不耐冠帶暑月尤甚豫章天氣蚤熱而今歲尤甚春三月十七日觴客於滕王閣

日出如火流汗接踵頭涔涔幾不知所措歸而煩悶婦爲具湯沐便科頭裸身赴之時西山雲霧新茗初至張右伯適以見遺茶色白大作荳子香幾與虎邱埒余時浴出露坐明月下亟命侍兒汲新水烹嘗之覺沆瀣入咽兩腋風生念此境味都非宦路所有琳泉蔡先生老而嗜茶尤甚於余時已就寢不可邀之共啜晨起復烹遺之然已作第二義矣追憶夜來風味書一通以贈先生

湧幢小品王璡昌邑人洪武初爲寧波知府有給事來謁具茶給事爲客居間公大呼撤去給事慚而退

因號撤茶太守

臨安志棲霞洞內有水洞深不可測水極甘洌魏公嘗調以瀹茗

西湖志餘杭州先年有酒館而無茶坊然富家燕會猶有專供茶事之人謂之茶博士

潘子真詩話葉濤詩極不工而喜賦咏嘗有試茶詩云碾成天上龍兼鳳煮出人間蟹與蝦好事者戲云此非試茶乃碾玉匠人嘗南食也

董其昌容臺集蔡忠惠公進小團茶至爲蘇文忠公所譏謂與錢思公進姚黃花同失士氣然宋時君臣

之際情意藹然猶見於此且君謨未嘗以貢茶干寵第點綴太平世界一段清事而已東坡書歐陽公滁州二記知其不肯書茶錄余以蘇法書之爲公懺悔不則蟄龍詩句幾臨湯火有何罪過凡持論不大遠人情可也

金陵春卿署中時有以松蘿茗相貽者平平耳歸來山舘得啜尤物詢知爲閔汶水所蓄汶水家在金陵與余相及海上之鷗舞而不下蓋知希爲貴鮮遊大人者昔陸羽以精茗事爲貴人所侮作毁茶論如汶水者知其終不作此論矣

李日華六研齋筆記攝山棲霞寺有茶坪茶生榛莽中非經人剪植者唐陸羽入山采之皇甫冉作詩送之

紫桃軒雜綴泰山無茶茗山中人摘青桐芽點飲號女兒茶又有松苔極饒奇韻

鍾伯敬集茶訊詩云猶得年年一度行嗣音幸借采茶名伯敬與徐波元歎交厚吳楚風煙相隔數千里以買茶爲名一年通一訊遂成佳話謂之茶訊

錢謙益茶供說婁江逸人朱汝圭精於茶事將以茶隱欲求爲之記愿歲歲採渚山青芽爲余作供余觀

楞嚴壇中設供取白牛乳砂糖純蜜之類西方沙門婆羅門以葡萄甘蔗漿爲上供未有以茶供者鴻漸長於苾蒭者也杼山禪伯也而鴻漸茶經杼山茶歌俱不云供佛西土以貫花燃香供佛不以茶供斯亦供養之鈌典也汝圭益精心治辦茶事金芽素瓷清淨供佛他生受報往生香國以諸妙香而作佛事豈但如丹邱羽人飲茶生羽翼而已哉余不敢當汝圭之茶供請以茶供佛後之精於茶道者以采茶供佛爲佛事則自余之諗汝圭始爰作茶供說以贈

〈五燈會元〉摩突羅國有一青林枝葉茂盛地名曰優

茗茶

僧問如寶禪師曰如何是和尚家風師曰飯後三碗茶僧問谷泉禪師曰未審客來如何祗待師曰雲門胡餅趙州茶

淵鑒類函鄭愚茶詩嫩芽香且靈吾謂草中英夜臼和煙擣寒爐對雪烹因謂茶曰草中英

素馨花曰裨茗陳白沙素馨記以其能少裨於茗耳一名那悉茗花

佩文韻府元好問詩注唐人以茶為小女美稱

黔南行紀陸羽茶經紀黃牛峽茶可飲因令舟人求

之有媪賣新茶一籠與草葉無異山中無好事者故耳

初余在峽州問士大夫黄陵茶皆云觕澀不可飲試問小吏云唯僧茶味善令求之得十餅價甚平也携至黄牛峽置風爐清樾間身自候湯手揃得味既以享黄牛神且酌元明堯夫云不減江南茶味也乃知夷陵士大夫以貌取之耳

九華山錄至化城寺謁金地藏塔僧祖瑛獻土産茶味可敵北苑

馮時可茶錄松郡佘山亦有茶與天池無異顧採造

不如近有比邱來以虎邱法製之味與松蘿等老衲亟逐之曰毋爲此山開羶徑而置火坑

〈冒巢民岕茶彙鈔〉憶四十七年前有吳人柯姓者熟於陽羨茶山每桐初露白之際爲余入岕箬籠攜來十餘種其最精妙者不過斤許數兩耳味老香深具芝蘭金石之性十五年以爲恒後宛姬從吳門歸余則岕片必需半塘顧子兼黃熟香必金平叔茶香雙妙更入精微然顧金茶香之供每歲必先虞山柳夫人吾邑隴西之蒨姬與余共宛姬而後他及

金沙于象明攜岕茶來絕妙金沙之于精鑒賞甲於

江南而岕山之棋盤頂久歸于家每歲其尊人必躬往採製今夏攜來廟後棋頂漲沙本山諸種各有差等然道地之極眞極妙二十年所無又辨水候火與手自洗烹之細潔使茶之色香性情從文人之奇嗜異好一一淋漓而出誠如丹丘羽人所謂飲茶生羽翼者眞衰年稱心樂事也

吳門七十四老人朱汝圭攜茶過訪與象明頗同多花香一種汝圭之嗜茶自幼如世人之結齋於胎年十四入岕迄今春夏不渝者百二十番奪食色以好之有子孫爲名諸生老不受其養謂不嗜茶爲不似

阿翁每竦骨入山卧遊虎虺負籠入肆嘯傲睨香晨夕滌甆洗葉啜弄無休指爪齒頰與語言激揚讚頌之津津恒有喜神妙氣與茶相長養眞奇癖也

嶺南雜記潮州燈節飾姣童爲采茶女每隊十二人或八人手挈花籃迭進而歌俯仰抑揚備極妖妍又以少長者二人爲隊首擎綵燈綴以扶桑茉莉諸花采女進退作止皆視隊首至各衙門或巨室唱歌資以銀錢酒果自十三夕起至十八夕而止余錄其歌數首頗有前溪子夜之遺

周亮工閩小記歙人閔汶水居桃葉渡上予往品茶

其家見其水火皆自任以小酒盞酌客頗極烹飲態正如德山擔青龍鈔高自矜許而已不足異也秣陵好事者嘗誚閩無茶謂閩客得閩茶咸製爲羅囊佩而嗅之以代旃檀實則閩不重汶水也閩客游秣陵者宋比玉洪仲章輩類依附吳兒强作解事賤家雞而貴野鶩宜爲其所誚歟三山薛老亦秦淮汶水也薛嘗言汶水假他味作蘭香究使茶之眞味盡失汶水而在聞此亦當色沮薛嘗住屴崱自爲剪焙遂欲駕汶水上余謂茶難以香名况以蘭定茶乃咫尺見也頗以薛老論爲善

延邵人呼製茶人爲碧豎富沙陷後碧豎盡在綠林中矣

蔡忠惠茶錄石刻在甌寧邑庠壁間予五年前搨數紙寄所知今漫漶不如前矣

閩酒數郡如一茶亦類是今年予得茶甚夥學坡公義酒事盡合爲一然與未合無異也

李仙根安南雜記交趾稱其貴人曰翁茶翁茶者大官也

虎邱茶經補注徐天全自金齒謫回每春末夏初入虎邱開茶社

羅光璽作虎丘茶記嘲山僧有替身茶

吳匏菴與沈石田遊虎丘采茶手煎對啜自言有茶癖

漁洋詩話林確齋者亡其名江右人居冠石率子孫種茶躬親畚鍤負擔夜則課讀毛詩離騷過冠石者見三四少年頭着一幅布赤脚揮鋤琅然歌出金石竊嘆以爲古圖畫中人

尤西堂集有戲册茶爲不夜侯制

朱彝尊日下舊聞上已後三日新茶從馬上至至之日宮價五十金外價二三十金不一二日卽二三金

矣見北京歲華記

〔曝書亭集〕錫山聽松菴僧性海製竹火爐王舍人過而愛之爲作山水横幅并題以詩歲久爐壞盛太常因而更製流傳都下群公多爲吟咏顧梁汾典籍仿其遺式製爐及來京師成容若侍衛以舊圖贈之丙寅之秋梁汾携爐及卷過余海波寺寓適姜西溟周青士孫愷似三子亦至坐青藤下燒爐試武夷茶相與聯句成四十韻用書於册以示好事之君子

〔蔡方炳增訂廣輿記〕湖廣長沙府攸縣古蹟有茶王城卽漢茶陵城也

葛萬里清異錄倪元鎮飲茶用果按者名清泉白石非佳客不供有客請見命進此茶客渴再及而盡倪意大悔放盞入內

黃周星九煙夢讀採茶賦只記一句云施凌雲以翠步

別號錄宋曾機吾甫別號茶山明許應元子春別號茗山

隨見錄武夷五曲朱文公書院內有茶一株葉有臭蟲氣及焙製出時香逾他樹名曰臭葉香茶又有老樹數株云係文公手植名曰宋樹

補西湖遊覽志立夏之日人家各烹新茗配以諸色細果餽送親戚比鄰謂之七家茶

南屏謙師妙於茶事自云得心應手非可以言傳學到者

劉士亨有謝璘上人惠桂花茶詩云金粟金芽出焙篝鶴邊小試兔絲甌葉含雷信三春雨花帶天香八月秋味美絶勝陽羨種神清如在廣寒遊玉川句好無才續我欲逃禪問趙州

李世熊寒支集新城之山有異鳥其音若簫遂名曰簫曲山山產佳茗亦名簫曲茶因作歌紀事

禪玄顯教編徐道人居廬山天池寺不食者九年矣畜一墨羽鶴嘗採山中新茗令鶴銜松枝烹之遇道流輒相與飲幾椀

張鵬翀抑齋集有御賜鄭宅茶賦云青雲幸接於後塵白日捧歸乎深殿從容步緩膏芬齊出螭頭肅穆神凝乳滴將開蠟面用以濡毫可媲文章之草將之比德勉爲精白之臣

男　紹良　較字

續茶經卷下

續茶經卷下

嘉定陸廷燦　幔亭　輯

八之出

國史補風俗貴茶其名品益衆南劒有蒙頂石花或小方散芽號爲第一湖州顧渚之紫筍東川有神泉小團綠昌明獸目峽州有小江園碧澗簝明月房茱萸簝福州有柏巖方山露芽夔州有東白舉巖碧貌建安有青鳳髓夔州有香山江陵有楠木湖南有衡山睦州有鳩坑洪州有西山之白露壽州有霍山之黃芽綿州之松嶺雅州之露芽南康之雲居彭州之

仙崖石花渠江之薄片邛州之火井思安黔陽之都濡高株瀘川之納溪梅嶺義興之陽羡春池陽鳳嶺皆品第之最著者也

文獻通考片茶之出於建州者有龍鳳石乳的乳白乳頭金蠟面頭骨次骨末骨麄骨山挺十二等以充歲貢及邦國之用洎本路食茶餘州片茶有進寶雙勝寶山兩府出興國軍仙芝嫩蕊福合祿合運合脂合出饒池州泥片出虔州綠英金片出袁州玉津出臨江軍靈川出福州先春早春華英來泉勝金出歙州獨行靈草綠芽片金金茗出潭州大拓枕出江陵

大小巴陵開勝開捲小捲生黃翎毛出岳州雙上綠牙大小方出岳辰澧州東首淺山薄側出光州總二十六名其兩浙及宣江鄂州止以上中下或第一至第五爲號其散茶則有太湖龍溪次號末號出淮南岳麓草子楊樹雨前雨後出荆湖清口出歸州茗子出江南總十一名

葉夢得避暑錄話北苑茶正所產爲曾坑謂之正焙非曾坑爲沙溪謂之外焙二地相去不遠而茶種懸絕沙溪色白過於曾坑但味短而微澀識者一啜如別涇渭也余始疑地氣土宜不應頓異如此及來山

中每開闢徑路刳治巖竇有尋丈之間土色各殊肥瘠緊緩燥潤亦從而不同並植兩木於數步之間封培灌溉畧等而生死豐悴如二物者然後知事不經見不可必信也草茶極品惟雙井顧渚亦不過各有數畝雙井在分寧縣其地屬黃氏魯直家也元祐間魯直力推賞於京師族人交致之然歲僅得一二斤爾顧渚在長興縣所謂吉祥寺也其半爲今劉侍郎希范家所有兩地所產歲亦止五六斤近歲寺僧求之者多不暇精擇不及劉氏遠甚余歲求於劉氏過半斤則不復佳蓋茶味雖均其精者在嫩芽取其初

萌如雀舌者謂之槍稍敷而爲葉者謂之旗旗非所貴不得已取一槍一旗猶可過是則老矣此所以爲難得也

歸田錄臘茶出於劒建草茶盛於兩浙兩浙之品日注爲第一自景祐以後洪州雙井白芽漸盛近歲製作尤精囊以紅紗不過一二兩以常茶十數斤養之用辟暑濕之氣其品遠出日注上遂爲草茶第一

雲麓漫鈔茶出浙西湖州爲上江南常州次之湖州出長興顧渚山中常州出義興君山懸脚嶺北岸下等處

蔡寬夫詩話玉川子謝孟諫議寄新茶詩有手閱月團三百片及天子須嘗陽羨茶之句則孟所寄乃陽羨茶也

楊文公談苑蠟茶出建州陸羽茶經尚未知之但言福建等州未詳往往得之其味極佳江左近日方有蠟面之號丁謂北苑茶錄云剏造之始莫有知者質之三館檢討杜鎬亦曰在江左日始記有研膏茶歐陽公歸田錄亦云出福建而不言所起按唐氏諸家說中往往有蠟面茶之語則是自唐有之也

事物記原江左李氏別令取茶之乳作片或號京鋌

的乳及骨子等是則京鋌之品自南唐始也苑錄云的乳以降以下品雜鍊售之唯京師去者至眞不雜意由此得名或曰自開寶來方有此茶當時識者云金陵僭國唯曰都下而以朝廷爲京師今忽有此名其將歸京師乎

羅廩茶解　按唐時產茶地僅僅如季疵所稱而今之虎邱羅岕天池顧渚松羅龍井鴈宕武夷靈川大盤日鑄朱溪諸名茶無一與焉乃知靈草在在有之但培植不嘉或疎於採製耳

潛確類書　茶譜袁州之界橋其名甚著不若湖州之

研膏紫筍烹之有綠脚垂下又婺州有舉岩茶片片方細所出雖少味極甘芳煎之如碧玉之乳也

農政全書　玉壘關外寶唐山有茶樹產懸崖筍長三寸五寸方有一葉兩葉涪州出三般茶最上賓化其次白馬最下涪陵

煮泉小品　茶自浙以北皆較勝惟閩廣以南不惟水不可輕飲而茶亦當慎之昔鴻漸未詳嶺南諸茶但云往往得之其味極佳余見其地多瘴癘之氣染着水草北人食之多致成疾故謂人當慎之也

茶譜通考　岳陽之含膏冷劍南之綠昌明蘄門之團

黃蜀川之雀舌巴東之眞香夷陵之壓磚龍安之騎火

江南通志蘇州府吳縣西山產茶穀雨前采焙極細者販于市爭先騰價以雨前爲貴也

吳郡虎邱志虎邱茶僧房皆植名聞天下穀雨前摘細芽焙而烹之其色如月下白其味如荳花香近因官司征以饋遠山僧供茶一斤費用銀數錢是以苦於賫送樹不修葺甚至刈斫之因以絕少

米襄陽志林蘇州穹窿山下有海雲菴菴中有二茶樹其二株皆連理蓋二百餘年矣

姑蘇志虎邱寺西產茶朱安雅云今二山門西偏本名茶嶺

陳眉公太平清話洞庭中西盡處有仙人茶乃樹上之苔蘚也四皓采以爲茶

圖經續記洞庭小青山塢出茶唐宋入貢下有水月寺因名水月茶

古今名山記支硎山茶塢多種茶

隨見錄洞庭山有茶微似岕而細味甚甘香俗呼爲嚇殺人產碧螺峯者尤佳名碧螺春

松江府志佘山在府城北舊有佘姓者修道於此故

名山產茶與筍並美有蘭花香味故陳眉公云余鄉佘山茶與虎邱相伯仲

常州府志　武進縣章山麓有茶巢嶺唐陸龜蒙嘗種茶於此

天下名勝志　南岳古名陽羨山卽君山北麓孫皓旣封國後遂禪此山爲岳故名唐時產茶充貢卽所云南岳貢茶也

常州宜興縣東南別有茶山唐時造茶入貢又名唐貢山在縣東南三十五里均山鄉

武進縣志　茶山路在廣化門外十里之內大墩小墩

連綿簇擁有山之形唐代湖常二守會陽羨造茶修貢由此往返故名

檀几叢書茗山在宜興縣西南五十里永豐鄉皇甫曾有送羽南山采茶詩可見唐時貢茶在茗山矣

唐李栖筠守常州日山僧獻陽羨茶陸羽品爲芬芳冠世産可供上方遂置茶舍於洞靈觀歲造萬兩入貢後韋夏卿徙於無錫縣罨畫谿上去湖汊一里所許有穀詩云陸羽名荒舊茶舍却教陽羨置郵忙是也

義興南岳寺唐天寶中有白蛇銜茶子墜寺前寺僧

種之菴側由此滋蔓茶味倍佳號曰蛇種土人重之每歲爭先餉遺官司需索倏貢不絶迨今方春采茶清明日縣令躬享白蛇於卓錫泉亭隆厥典也後來檄取山農苦之故袁高有陰嶺茶未吐使者牒已頻之句郭三益詩官符星火催春焙却使山僧怨白蛇盧仝茶歌安知百萬億蒼生命墜顛崖受辛苦可見貢茶之累民亦自古然矣

洞山茶系 羅岕去宜興而南踰八九十里浙直分界只一山岡岡南即長興山兩峯相阻介就夷曠者人呼爲岕云履其地始知古人制字有意今字書岕字

但注云山名耳有八十八處前横大磵水泉清駛漱潤茶根洩山土之肥澤故洞山爲諸岕之最自西沇溯漲渚而入取道茗嶺甚險惡縣西南八十里自東沇溯湖汶而入取道瀍嶺稍夷才通車騎所出之茶厥有四品

第一品老廟後廟祀山之土神者瑞艸叢鬱殆比茶星肸蠁矣地不下二三畝苕溪姚象先與婿分有之茶皆古本每年産不過二十斤色淡黄不綠葉筋淡白而厚製成梗絶少入湯色柔白如玉露味甘芳香藏味中空濛深永啜之愈出致在有無之外

第二品新廟後棋盤頂紗帽頂手巾條姚八房及吳江周氏地產茶亦不能多香幽色白味冷雋與老廟不甚別啜之差覺其薄耳此皆洞頂岕也總之岕品至此清如孤竹和如栁下並入聖矣今人以色濃香烈爲岕茶眞耳食而眛其似也

第三品廟後漲沙大袁頭姚洞羅洞王洞范洞白石

第四品下漲沙梧桐洞余洞石塲丫頭岕留靑芥黃龍巖竈龍池此皆平洞本岕也

外山之長潮靑口箵莊顧渚茅山岕俱不入品

岕茶彙鈔 洞山茶之下者香清葉嫩着水香消棋盤

頂紗帽頂雄鷲頭茗嶺皆產茶地諸地有老柯嫩柯惟老廟後無二梗葉叢密香不外散稱爲上品也

鎮江府志潤州之茶傲山爲佳

寰宇記揚州江都縣蜀岡有茶園茶甘旨如蒙頂蒙頂在蜀故以名岡上有時會堂春貢亭皆造茶所今廢見毛文錫茶譜

宋史食貨志散茶出淮南有龍溪雨前雨後之類

安慶府志六邑俱產茶以桐之龍山潛之閔山者爲最蒔茶源在潛山縣香茗山在太湖縣大小茗山在望江縣

隨見錄宿松縣產茶嘗之頗有佳種但製不得法倘別其地辨其等製以能手品不在六安下

徽州志茶產於松蘿而松蘿茶乃絕少其名則有勝金嫩桑仙芝來泉先春運合華英之品其不及號者爲片茶八種近歲茶名細者有雀舌蓮心金芽次者爲芽下白爲走林爲羅公又其次者爲開園爲軟枝爲大方製名號多端皆松蘿種也

吳從先茗說松蘿予土產也色如梨花香如荳蘂飲如嚼雪種愈佳則色愈白即經宿無茶痕固足美也秋露白片子更輕清若空但香大惹人難久貯非當

家不能藏耳眞者其妙若此畧涸他地一片色遂作惡不可觀矣然松蘿地如掌所産幾許而求者四方雲至安得不以他涸耶

黃山志蓮花菴旁就石縫養茶多輕香冷韻襲人齗齶

昭代叢書張潮云吾鄉天都有抹山茶茶生石間非人力所能培植味淡香清足稱仙品採之甚難不可多得

隨見錄松蘿茶近稱紫霞山者爲佳又有南源北源名色其松蘿眞品殊不易得黃山絶頂有雲霧茶别

有風味超出松蘿之外

通志寧國府屬宣涇寧旌太諸縣各山俱產松蘿

名勝志寧國縣鴉山在文脊山北產茶充貢茶經云味與蘄州同宋梅詢有茶煮鴉山雪滿甌之句今不可復得矣

農政全書宣城縣有丫山形如小方餅横鋪茗芽產其上其山東爲朝日所燭號曰陽坡其茶最勝太守薦之京洛人士題曰丫山陽坡横文茶一名瑞草魁

華夷花木考宛陵茗池源茶根株頗碩生於陰谷春夏之交方發萌芽莖條雖長旗槍不展乍紫乍綠天

聖初郡守李虛巳仝太史梅詢嘗試之品以爲建溪顧渚不如也

隨見録宣城有綠雪芽亦松蘿一類又有翠屏等名色其涇川涂茶芽細色白味香爲上供之物

通志池州府屬青陽石埭建德俱産茶貴池亦有之九華山閔公墓茶四方稱之

九華山志金地茶西域僧金地藏所植今傳枝梗空筒者是大抵烟霞雲霧之中氣常溫潤與地上者不同味自異也

通志 廬州府屬六安霍山並産名茶其最著惟白茅貢尖即茶芽也每歲茶出知州具本恭　進

六安州有小峴山出茶名小峴春爲六安極品霍山有梅花片乃黃梅時摘製色香兩兼而味稍薄又有銀針丁香松蘿等名色

紫桃軒雜綴 余生平慕六安茶適一門生作彼中守寄書託求數兩竟不可得殆絕意乎

陳眉公筆記 雲桑茶出瑯琊山茶類桑葉而小山僧焙而藏之其味甚清

廣德州建平縣雅山出茶色香味俱美

浙江通志杭州錢塘富陽及餘杭徑山多產茶

天中記杭州寶雲山出者名寶雲茶下天竺香林洞者名香林茶上天竺白雲峯者名白雲茶

田子藝云龍泓今稱龍井因其深也郡志稱有龍居之非也蓋武林之山皆發源天目有龍飛鳳舞之讖故西湖之山以龍名者多非眞有龍居之也有龍則泉不可食矣泓上之閣亟宜去之浣花諸池尤所當浚

湖壖雜記龍井產茶作荳花香與香林寶雲石人塢垂雲亭者絕異採於穀雨前者尤佳啜之淡然似乎

無味飲過後覺有一種太和之氣瀰淪於齒頰之間此無味之味乃至味也爲益於人不淺故能療疾其貴如珍不可多得

坡仙食飲錄寶嚴院垂雲亭亦產茶僧怡然以垂雲茶見餉坡報以大龍團

陶穀清異錄開寶中竇儀以新茶餉予味極美奩面標云龍陂山子茶龍陂是顧渚山之別境

吳興掌故顧渚左右有大小官山皆爲茶園明月峽在顧渚側絕壁削立大澗中流亂石飛走茶生其間尤爲絕品張文規詩所謂明月峽中茶始生是也

顧渚山相傳以爲吳王夫差於此顧望原隰可爲城邑故名唐時其左右大小官山皆爲茶園造茶充貢故其下有貢茶院

蔡寬夫詩話湖州紫筍茶出顧渚在常湖二郡之間以其萌茁紫而似筍也每歲入貢以清明日到先薦宗廟後賜近臣

馮可賓岕茶牋環長興境產茶者曰羅嶰曰白巖曰烏瞻曰青東曰顧渚曰篠浦不可指數獨羅嶰最勝環嶰境十里而遥爲嶰者亦不可指數嶰而曰岕兩山之介也羅隱隱此故名在小秦王廟後所以稱廟

後羅岕也洞山之岕南面陽光朝旭夕輝雲滃霧浡所以味迥別也

名勝志茗山在蕭山縣西三里以山中出佳茗也又上虞縣後山茶亦佳

方輿覽勝會稽有日鑄嶺嶺下有寺名資壽其陽坡名油車朝暮常有日茶產其地絕奇歐陽文忠云兩浙草茶日鑄第一

紫桃軒雜綴普陀老僧貽余小白巖茶一裹葉有白茸瀹之無色徐引覺涼透心腑僧云本巖歲止五六斤專供大士僧得啜者寡矣

普陀山志茶以白華巖頂者爲佳

天台記丹邱出大茗服之生羽翼

桑莊茹芝續譜天台茶有三品紫凝魏嶺小溪是也今諸處並無出産而土人所需多來自西坑東陽黃坑等處石橋諸山近亦種茶味甚清甘不讓他郡蓋出自名山霧中宜其多液而全厚也但山中多寒萌發較遲兼之做法不佳以此不得取勝又所産不多僅足供山居而已

天台山志葛仙翁茶圃在華頂峯上

群芳譜安吉州茶亦名紫筍

通志茶山在金華府蘭溪縣

廣輿記鳩坑茶出嚴州府淳安縣方山茶出衢州府龍游縣

勞大與甌江逸志浙東多茶品雁宕山稱第一每歲穀雨前三日採摘茶芽進貢一鎗兩旗而白毛者名曰明茶穀雨日採者名雨茶一種紫茶其色紅紫其味尤佳香氣尤清又名玄茶其味皆似天池而稍薄難種薄收土人厭人求索園圃中少種間有之亦爲識者取去按盧仝茶經云温州無好茶天台瀑布水甌水味薄唯鴈宕山水爲佳此山茶亦爲第一日去

腥膩除煩惱却昏散消積食但以錫瓶貯者得清香味不以錫瓶貯者其色雖不堪觀而滋味且佳同陽羨山岕茶無二無别採摘近夏不宜早炒做宜熟不宜生如法可貯二三年愈佳愈能消宿食醒酒此爲最者

王草堂茶說温州中墺及漈上茶皆有名性不寒不熱

屠粹忠三才藻異舉巖婺茶也片片方細煎如碧乳

江西通志茶山在廣信府城北陸羽嘗居此

洪州西山白露鶴嶺號絶品以紫清香城者爲最及

雙井茶芽即歐陽公所云石上生茶如鳳爪者也又羅漢茶如荳苗因靈觀尊者自西山持至故名

南昌府志新建縣鵞岡西有鶴嶺雲物鮮美草木秀潤產名茶異於他山

通志瑞州府出茶芽廖暹十咏呼爲雀舌香焙云其餘臨江南安等府俱出茶廬山亦產茶

袁州府界橋出茶今稱仰山稠平木平者佳稠平者尤妙

贛州府寧都縣出林岕乃一林姓者以長指甲炒之采製得法香味獨絕因之得名

名勝志茶山寺在上饒縣城北三里按圖經卽廣教寺中有茶園數畝陸羽泉一勺羽性嗜茶環居皆植之烹以是泉後人遂以廣教寺爲茶山寺云宋有茶山居士曾吉甫名幾以兄開忤秦檜奉祠僑居此寺凡七年杜門不問世故

丹霞洞天志建昌府麻姑山產茶惟山中之茶爲上家園植者次之

饒州府志浮梁縣陽府山冬無積雪凡物早成而茶尤殊異金君卿詩云聞雷已薦雞鳴筍未雨先嘗雀舌茶以其地暖故也

通志南康府出匡茶香味可愛茶品之最上者

九江府彭澤縣九都山出茶其味畧似六安

廣輿記德化茶出九江府又崇義縣多產茶

吉安府志龍泉縣匡山有苦齋章溢所居四面峭壁其下多白雲上多北風植物之味皆苦野蜂巢其間采花蘂作蜜味亦苦其茶苦於常茶

羣芳譜太和山騫林茶初泡極苦澀至三四泡清香特異人以爲茶寶

福建通志福州泉州建寧延平興化汀州邵武諸府俱產茶

合璧事類建州出大片方山之芽如紫笋片大極硬須湯浸之方可碾治頭痛江東老人多服之

周櫟園閩小記鼓山半巖茶色香風味當為閩中第一不讓虎邱龍井也雨前者每兩僅十錢其價廉甚一云前朝每歲進貢至楊文敏當國始奏罷之然近來官取其擾甚於進貢矣

柏巖福州茶也巖即柏梁臺

興化府志仙遊縣出鄭宅茶真者無幾大都以贗者雜之雖香而味薄

陳懋仁泉南雜志清源山茶青翠芳馨超軼天池之

上南安縣英山茶精者可亞虎邱惜所產不若清源之多也閩地氣暖桃李冬花故茶較吳中差早

延平府志 櫻毛茶出南平縣半巖者佳

建寧府志 北苑在郡城東先是建州貢茶首稱北苑龍團而武夷石乳之名未著至元時設場於武夷遂與北苑並稱今則但知有武夷不知有北苑矣吳越間人頗不足閩茶而甚艷北苑之名不知北苑實在閩也

宋無名氏北苑別錄 建安之東三十里有山曰鳳凰其下直北苑旁聯諸焙厥土赤壤厥茶惟上上太平

興國中初爲御焙歲模龍鳳以羞貢篚蓋表珍異慶曆中漕臺益重其事品數日增制度日精厥今茶自北苑上者獨冠天下非人間所可得也方其春蟲震蟄羣夫雷動一時之盛誠爲大觀故建人謂至建安而不詣北苑與不至者同僕因攝事遂得研究其始末姑摭其大槩修爲十餘類目曰北苑別錄云

御園

九窠十二隴　麥窠　壤園

龍游窠　小苦竹　苦竹裏

雞藪窠　苦竹　苦竹源

䶂鼠窠　教練隴　鳳凰山
大小焊　横坑　猿游隴
張坑　帶園　焙東
中曆　東際　西際
官平　石碎窠　上下官坑
虎膝窠　樓隴　蕉窠
新園　天樓基　院坑
曾坑　黄際　馬安山
林園　和尚園　黄淡窠
吳彥山　羅漢山　水桑窠

銅場　師如園　靈滋

苑馬園　高畬　大窠頭

小山

右四十六所廣袤三十餘里自官平而上爲內園官坑而下爲外園方春靈芽萌拆先民焙十餘日如九窠十二隴龍游窠小苦竹張坑西際又爲禁園之先也

東溪試茶錄舊記建安郡官焙三十有八丁氏舊錄云官私之焙千三百三十有六而獨記官焙三十二東山之焙十有四北苑龍焙一乳橘內焙二乳橘外

焙三重院四罄嶺五渭源六范源七蘇口八東宮九石坑十連溪十一香口十二火梨十三開山十四南溪之焙十有二下瞿一濛洲東二汾東三南溪四斯源五小香六際會七謝坑八沙龍九南鄉十中瞿十一黃熟十二西溪之焙四慈善西一慈善東二慈惠三船坑四北山之焙二慈善東一豐樂二　外有曾坑石坑罄源葉源佛嶺沙溪等處惟罄源之茶甘香特勝

茶之名有七一曰白茶民間大重出於近歲園焙時有之地不以山川遠近發不以社之先後芽葉如紙

民間以爲茶瑞取其第一者爲鬬茶次曰柑葉茶樹高丈餘徑頭七八寸葉厚而圓狀如柑橘之葉其芽發即肥乳長二寸許爲食茶之上品三曰早茶亦類柑葉發常先春民間採製爲試焙者四曰細葉茶葉比柑葉細薄樹高者五六尺芽短而不肥乳今生沙溪山中蓋土薄而不茂也五曰稽茶葉細而厚密芽晚而青黄六曰晚茶蓋稽茶之類發比諸茶較晚生於社後七日叢茶亦曰叢生茶高不數尺一歲之間發者數四貧民取以爲利

品茶要錄 婺源沙溪其地相背而中隔一嶺其去無

數里之遥然茶産頓殊有能出力移栽植之亦爲風土所化竊嘗怪茶之爲草一物耳其勢必猶得地而後異豈水絡地脉偏鍾粹於婺源而御焙占此大岡巍隴神物伏護得其餘蔭耶何其甘芳精至而美擅天下也觀夫春雷一鳴筠籠纔起售者已擔簦挈槖於其門或先期而散留金錢或茶纔入笪而爭酬所直故婺源之茶常不足容所求其有桀猾之園民陰取沙溪茶葉雜就家棬而製之人耳其名睨其規模之相若不能原其實者葢有之矣凡婺源之茶售以十則沙溪之茶售以五其直大率倣此然沙溪之園

續茶經卷下　八之出

民亦勇於覓利或雜以松黄飾其首面凡肉理怯薄體輕而色黄者試時鮮白不能久泛香薄而味短者沙溪之品也凡肉理實厚質體堅而色紫試時泛盞凝久香滑而味長者壑源之品也

潛確類書歷代貢茶以建寧爲上有龍團鳳團石乳滴乳綠昌明頭骨次骨末骨鹿骨山挺等名而密雲龍最高皆碾屑作餅至國朝始用芽茶曰探春先春曰次春曰紫笋而龍鳳團皆廢矣

名勝志北苑茶園屬甌寧縣舊經云僞閩龍啟中里人張暉以所居北苑地宜茶悉獻之官其名始著

三才藻異石巖白建安能仁寺茶也生石縫間

建寧府屬浦城縣江郎山出茶即名江郎茶

武夷山志前朝不貴閩茶即貢者亦只備宫中浣濯甌盞之需貢使類以價貨京師所有者納之間有採辦皆劒津廖地產非武夷也黄冠每市山下茶登山貿之人莫能辨

茶洞在接筍峯側洞門甚隘内境夷曠四週皆穹崖壁立土人種茶視他處爲最盛

崇安殷令招黄山僧以松蘿法製建茶眞堪並駕人甚珍之時有武夷松蘿之目

王梓茶說武夷山週廻百二十里皆可種茶茶性他產多寒此獨性温其品有二在山者爲巖茶上品在地者爲洲茶次之香清濁不同且泡時巖茶湯白洲茶湯紅以此爲别雨前者爲頭春稍後爲二春再後爲三春又有秋中採者爲秋露白最香須種植采摘烘焙得宜則香味兩絶然武夷本石山峯巒載土者寥寥故所產無幾若洲茶所在皆是卽鄰邑近多栽植運至山中及星村墟市賈售皆冐充武夷更有安溪所產尤爲不堪或品嘗其味不甚貴重者皆以假亂眞誤之也至於蓮子心白毫皆洲茶或以木蘭花

熏成欺人不及巖茶遠矣

張大復梅花筆談經云嶺南生福州建州今武夷所產其味極佳蓋以諸峯拔立正陸羽所云茶上者生爛石中者耶

草堂雜錄武夷山有三味茶苦酸甜也別是一種飲之味果屢變相傳能解酲消脹然采製甚少售者亦稀

隨見錄武夷茶在山上者爲巖茶水邊者爲洲茶巖茶爲上洲茶次之巖茶北山者爲上南山者次之南北兩山又以所產之巖名爲名其最佳者名曰工夫

茶工夫之上又有小種則以樹名爲名每株不過數兩不可多得洲茶名色有蓮子心白毫紫毫龍鬚鳳尾花香蘭香清香奥香選芽漳芽等類

廣輿記泰寧茶出邵武府

福寧州大姥山出茶名綠雪芽

湖廣通志武昌茶出通山者上崇陽蒲圻者次之

廣輿記崇陽縣龍泉山周二百里山有洞好事者持炬而入行數十步許坦平如室可容千百衆石渠流泉清洌鄉人號曰魯溪巖產茶甚甘美

天下名勝志湖廣江夏縣洪山舊名東山茶譜云鄂

州東山出茶黑色如韭食之已頭痛

武昌郡志茗山在蒲圻縣北十五里産茶又大冶縣亦有茗山

荆州土地記武陵七縣通出茶最好

岳陽風土記㴩湖諸山舊出茶謂之㴩湖茶李肇所謂岳州㴩湖之含膏是也唐人極重之見於篇什今人不甚種植惟白鶴僧園有千餘本土地頗類北苑所出茶一歲不過一二十斤土人謂之白鶴茶味極甘香非他處艸茶可比竝茶園地色亦相類但土人不甚植爾

通志長沙茶陵州以地居茶山之陰因名昔炎帝葬於茶山之野茶山卽雲陽山其陵谷間多生茶茗故也

長沙府出茶名安化茶辰州茶出溆浦郴州亦出茶

類林新咏長沙之石楠葉摘芽爲茶名欒茶可治頭風湘人以四月四日摘楊桐草搗其汁拌米而蒸猶餻糜之類必啜此茶乃去風也尤宜暑月飲之

合璧事類潭郡之間有渠江中出茶而多毒蛇猛獸鄉人每年采擷不過十五六斤其色如鐵而芳香異常烹之無脚

湘潭茶味畧似普洱土人名曰芙蓉茶

茶事拾遺潭州有鐵色夷陵有壓磚

通志靖州出茶油蘄水有茶山產茶

河南通志羅山茶出河南汝寧府信陽州

桐柏山志瀑布山一名紫凝山產大葉茶

山東通志兗州府費縣蒙山石巔有花如茶土人取而製之其味淸香迥異他茶貢茶之異品也

輿志蒙山一名東山上有白雲巖產茶亦稱蒙頂王草堂云乃石上之苔爲之非茶類也

廣東通志廣州韶州南雄肇慶各府及羅定州俱產

茶

西樵山在郡城西一百二十里峰巒七十有二唐末詩人曹松移植顧渚茶於此居人遂以茶爲生業

韶州府曲江縣曹溪茶歲可三四採其味淸甘

潮州大埔縣肇慶恩平縣俱有茶山德慶州有茗山

欽州靈山縣亦有茶山

吳陳琰曠園雜志端州白雲山出雲獨奇山故蒔茶在絶壁歲不過得一石許價可至百金

王草堂雜錄粤東珠江之南產茶曰河南茶潮陽有鳳山茶樂昌有毛茶長樂有石茗瓊州有靈茶烏藥

茶云

〈嶺南雜記〉廣南出苦䔲茶俗呼爲苦丁非茶也葉大如掌一片入壺其味極苦少則反有甘味噙嚥利咽喉之症功並山豆根

化州有琉璃茶出琉璃菴其產不多香與峒岕相似僧人奉客不及一兩

羅浮有茶產於山頂石上剝之如蒙山之石茶其香倍於廣岕不可多得

〈南越志〉龍川縣出皐盧味苦澀南海謂之過盧

〈陝西通志〉漢中府興安州等處產茶如金州石泉漢

陰平利西鄉諸縣各有茶園他郡則無

四川通志 四川產茶州縣凡二十九處成都府之資陽安縣灌縣石泉崇慶等重慶府之南川黔江酆都武隆彭水等夔州府之建始開縣等及保寧府遵義府嘉定州瀘州雅州烏蒙等處

東川茶有神泉獸目邛州茶曰火井

華陽國志 涪陵無蠶桑惟出茶丹漆蜜蠟

華夷花木考 蒙頂茶受陽氣全故芳香唐李德裕入蜀得蒙餅以沃於湯瓶之上移時盡化乃驗其眞蒙頂又有五花茶其片作五出

毛文錫茶譜蜀州晉原洞口橫原珠江青城有橫芽雀舌鳥觜麥顆蓋取其嫩芽所造以形似之也又有片甲蟬翼之異片甲者早春黃芽其葉相抱如片甲也蟬翼者其葉嫩薄如蟬翼也皆散茶之最上者

東齋紀事蜀雅州蒙頂產茶最佳其生最晚每至春夏之交始出常有雲霧覆其上若有神物護持之

羣芳譜峽州茶有小江園碧磵寮明月房茱萸寮等

陸平泉茶寮記事蜀雅州蒙頂上有火前茶最好謂禁火以前採者後者謂之火後茶有露芽穀芽之名

述異記巴東有真香茗其花白色如薔薇煎服令人

不眠能誦無忘

廣輿記峩嵋山茶其味初苦而終甘又瀘州茶可療風疾又有一種烏茶出天全六番招討使司境內

王新城隴蜀餘聞蒙山在名山縣西十五里有五峯最高者曰上清峯其巓一石大如數間屋有茶七株生石上無縫罅云是甘露大師手植每茶時葉生智炬寺僧輙報有司往視籍記其葉之多少采製纔得數錢許明時貢京師僅一錢有奇環石別有數十株曰陪茶則供藩府諸司之用而已其旁有泉恒用石覆之味清妙在惠泉之上

雲南記名山縣出茶有山曰蒙山聯延數十里在西南按拾遺志尚書所謂蔡蒙旅平者蒙山也在雅州凡蜀茶盡出此

雲南通志茶山在元江府城西北普洱界太華山在雲南府西產茶色味似松蘿名曰太華茶

普洱茶出元江府普洱山性温味香兒茶出永昌府俱作團又感通茶出大理府點蒼山感通寺

續博物志威遠州卽唐南詔銀生府之地諸山出茶收采無時雜椒薑烹而飲之

廣輿記雲南廣西府出茶又灣甸州出茶其境內孟

通山所產亦類陽羨茶穀雨前採者香

曲靖府茶子叢生單葉子可作油

許鶴沙滇行紀程滇中陽山茶絶類松蘿

天中記容州黄家洞出竹茶其葉如嫩竹土人採以作飲甚甘美 廣西容縣唐容州

貴州通志貴陽府產茶出龍里東苗坡及陽寶山土人製之無法味不佳近亦有採芽以造者稍可供啜

威寧府茶出平遠產岩間以法製之味亦佳

地圖綜要貴州新添軍民衛產茶平越軍民衛亦出

茶

〈研北雜志〉交趾出茶如綠苔味辛烈名曰登北虜重譯名茶曰釵

男　紹良　較字

續茶經卷下

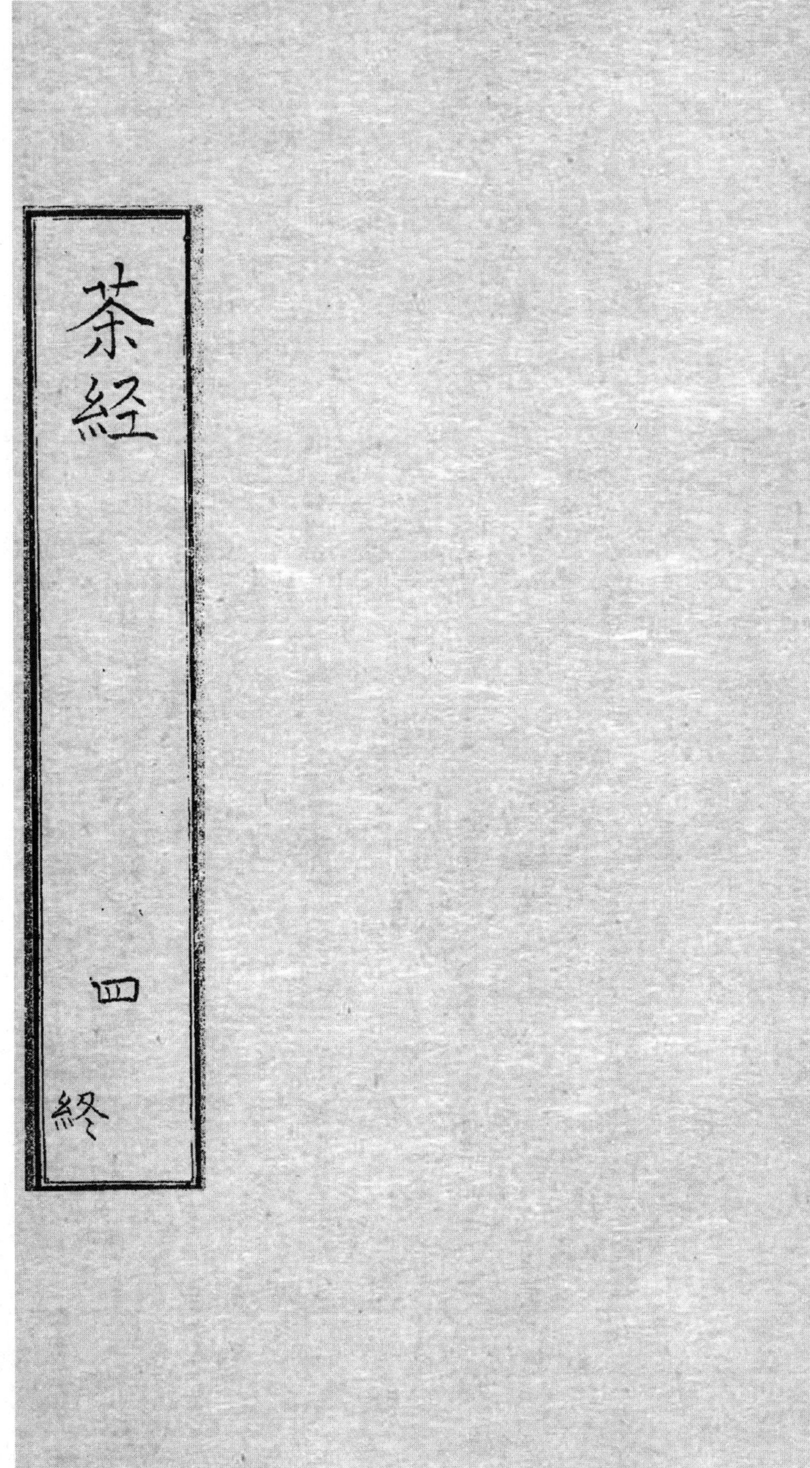
茶經
四
終

續茶經卷下

嘉定陸廷燦　幔亭　輯

九之畧

茶事著述名目

茶經三卷　唐太子文學陸羽撰

茶記三卷　前人見國史經籍志

顧渚山記二卷　前人

煎茶水記一卷　江州刺史張又新撰

采茶錄三卷　溫庭筠撰

補茶事　太原溫從雲　武威段碣之

茶訣三卷　釋皎然撰

茶述　裴汶

茶譜一卷　僞蜀毛文錫

大觀茶論二十篇　宋徽宗撰

建安茶錄三卷　丁謂撰

試茶錄二卷　蔡襄撰

進茶錄一卷　前人

品茶要錄一卷　建安黄儒撰

建安茶記一卷　吕惠卿撰

北苑拾遺一卷　劉异撰

北苑煎茶法　前人

東溪試茶錄　宋子安集一作朱子安

補茶經一卷　周絳撰

又一卷　前人

北苑總錄十二卷　曾伉錄

茶山節對一卷　攝衢州長史蔡宗顏撰

茶譜遺事一卷　前人

宣和北苑貢茶錄　建陽熊蕃撰

宋朝茶法　沈括

茶論　前人

北苑別錄一卷　趙汝礪撰
北苑別錄　無名氏
造茶雜錄　張文規
茶雜文一卷　集古今詩文及茶者
壑源茶錄一卷　章炳文
北苑別錄　熊克
龍焙美成茶錄　范逵
茶法易覽十卷　沈立
建茶論　羅大經
煮茶泉品　葉淸臣

十友譜茶譜　失名

品茶一篇　陸魯山

續茶譜　桑莊茹芝

茶錄　張源

煎茶七類　徐渭

茶寮記　陸樹聲

茶譜　顧元慶

茶具圖一卷　前人

茗笈　屠本畯

茶錄　馮時可

岕山茶記　熊明遇

茶疏　許次杼

八牋茶譜　高濂

煮泉小品　田藝衡

茶牋　屠隆

岕茶牋　馮可賓

峒山茶系　周高起伯高

水品　徐獻忠

竹嬾茶衡　李日華

茶解　羅廪

松寮茗政　卜萬祺

茶譜　錢友蘭翁

茶集一卷　胡文煥

茶記　呂仲吉

茶箋　聞龍

岕茶別論　周慶叔

茶董　夏茂卿

茶說　邢士襄

茶史　趙長白

茶說　吳從先

詩文名目

李文簡茗賦

梅堯臣南有佳茗賦

黄庭堅煎茶賦

程宣子茶銘

曹暉茶銘

蘇廙仙芽傳

湯悦森伯傳

蘇軾葉嘉傳

支廷訓湯藴之傳

徐巖泉六安州茶居士傳

童承叙論茶經書

趙觀煑泉小品序

詩文摘句

合璧事類龍溪除起宗制有云必能爲我講摘山之制得充厩之良

胡文恭行孫諮制有云領筭商車典領茗軸

唐武元衡有謝賜新火及新茶表劉禹錫柳宗元有代武中承謝賜新茶表

韓翃爲田神玉謝賜茶表有味足蠲邪助其正直香堪愈疾沃以勤勞吳主禮賢方聞置茗晉臣愛客纔

有分茶之句

宋史李稷重秋葉黃花之禁

宋通商茶法詔乃歐陽修草代福建提舉茶事謝上表乃洪邁筆

謝宗謝茶啓比丹丘之仙芽勝烏程之御荈不止味同露液白况霜華豈可爲酪蒼頭便應代酒從事

茶榜雀舌初調玉盌分時茶思健龍團捶碎金渠碾處睡魔降

劉言史與孟郊洛北野泉上煎茶有詩

僧皎然尋陸羽不遇有詩

白居易有睡後茶興憶楊同州詩
皇甫曾有送陸羽採茶詩
劉禹錫石園蘭若試茶歌有云欲知花乳清泠味須是眠雲跂石人
鄭谷峽中嘗茶詩入座半甌輕泛綠開緘數片淺含黃
杜牧茶山詩山實東南秀茶稱瑞草魁
施肩吾詩茶爲滌煩子酒爲忘憂君
秦韜玉有採茶歌
顏眞卿有月夜啜茶聯句詩

司空圖詩碾盡明昌幾角茶

李羣玉詩客有衡山隱遺余石廩茶

李郢酬友人春暮寄枳花茶詩

蔡襄有北苑茶壟採茶造茶試茶詩五首

朱熹集香茶供養黄栢長老悟公塔有詩

文公茶坂詩携籝北嶺西採葉供茗飲一啜夜窻寒

跏趺謝衾枕

蘇軾有和錢安道寄惠建茶詩

坡仙食飲錄有問大冶長老乞桃花茶栽詩

韓駒集謝人送鳳團茶詩白髮前朝舊史官風爐煮

茗暮江寒蒼龍不復從天下拭淚看君小鳳團

蘇轍有咏茶花詩二首有云細嚼花鬚味亦長新芽一粟葉間藏

孔平仲夢錫惠墨答以蜀茶有詩

岳珂茶花盛放滿山詩有潔躬淡薄隱君子苦口森嚴大丈夫之句

趙抃集次謝許少卿寄卧龍山茶詩有越芽遠寄入都時詶唱爭誇互見詩之句

文彥博詩舊譜最稱蒙頂味露芽雲液勝醍醐

張文規詩明月峽中茶始生明月峽與顧渚聯屬茶

生其間者尤爲絕品

孫覿有飲修仁茶詩

韋處厚茶嶺詩顧渚吳霜絕蒙山蜀信稀千叢因此始含露紫茸肥

周必大集胡邦衡生日以詩送北苑八銙日注二瓶賀客稱觴滿冠霞懸知酒渴正思茶尙書八餅分閩焙主簿雙瓶揀越芽又有次韻王少府送焦坑茶詩

陸放翁詩寒泉自換菖蒲水活火閒煎橄欖茶又村舍雜書東山石上茶鷹爪初脫鞲雪落紅絲磑香動銀毫甌爽如聞至言餘味終日留不知葉家白亦復

有此否

劉詵詩鸚鵡茶香堪供客茶蘼酒熟足娛親

王禹偁茶園詩茂育知天意甄收荷主恩沃心同直

諫苦口類嘉言

梅堯臣集宋著作寄鳳茶詩團爲蒼玉璧隱起雙飛

鳳獨應近臣頒豈得常寮共又李求仲寄建溪洪井

茶七品云忽有西山使始遺七品茶末品無水暈六

品無沉柤五品散雲脚四品浮粟花三品若瓊乳二

品罕所加絕品不可識甘香焉等差又答宣城梅主

簿遺鴉山茶詩云昔觀唐人詩茶咏鴉山嘉鴉啣茶

子生遂同山名鵶又有七寶茶詩云七物甘香雜蕊茶浮花泛綠亂於霞啜之始覺君恩重休作尋常一等誇又吳正仲餉新茶沙門頴公遺碧霄峯茗俱有吟咏

戴復古謝史石窻送酒并茶詩曰遺來二物應時須客子行厨用有餘午困政需茶料理春愁全仗酒消除

費氏宮詞近被宮中知了事每來隨駕使煎茶

楊廷秀有謝木舍人送講筵茶詩

葉適有寄謝王文叔送真日鑄茶詩云誰知真苦澁

顯淡發奇光

杜本武夷茶詩春從天上來噓咈通寰海納納此中藏萬斛珠蓓蕾

劉秉忠嘗雲芝茶詩云鐵色皺皮帶老霜含英咀美入詩腸

高啓有月團茶歌又有茶軒詩

楊慎有和章水部沙坪茶歌沙坪茶出玉壘關外寶唐山

董其昌贈煎茶僧詩怪石與枯槎相將度歲華鳳團雖貯好只吃趙州茶

婁堅有花朝醉後爲女郎題品泉圖詩

程嘉燧有虎邱僧房夏夜試茶歌

南宋雜事詩云六一泉烹雙井茶

朱隗虎邱竹枝詞官封茶地雨前開皂隸衙官攬似雷近日正堂偏體貼監茶不遣掾曹來

綿津山人漫堂詠物有大食索耳茶盃詩云粵香泛永夜詩思來悠然注武夷有粵香茶

薛熙依歸集有朱新菴今茶譜序

男 紹良 較字

續茶經卷下

續茶經卷下

嘉定陸廷燦　幔亭　輯

十之圖

歷代圖畫名目

唐張萱有烹茶士女圖見宣和畫譜

唐周昉寓意丹青馳譽當代宣和御府所藏有烹茶圖一

五代陸滉烹茶圖一宋中興館閣儲藏

宋周文矩有火龍烹茶圖四煎茶圖一

宋李龍眠有虎阜采茶圖見題跋

宋劉松年絹畫盧仝煑茶圖一卷有元人跋十餘
家范司理龍石藏
王齊翰有陸羽煎茶圖見王世懋澹圃畫品
董逌陸羽點茶圖有跋
元錢舜舉畫陶學士雪夜煑茶圖在焦山道士郭
第處見詹景鳳東岡玄覽
史石窻名文卿有煑茶圖袁桷作煑茶圖詩序
馮璧有東坡海南烹茶圖并詩
嚴氏書畫記有杜檉居茶經圖
汪珂玉珊瑚網載盧仝烹茶圖

明文徵明有烹茶圖

沈石田有醉茗圖題云酒邊風月與誰同陽羨春雷醉耳聾七椀便堪酬酩酊任渠高枕夢周公

沈石田有爲吳匏庵寫虎邱對茶坐雨圖

淵鑒齋書畫譜陸包山治有烹茶圖

補元趙松雪有宫女啜茗圖見漁洋詩話劉孔和詩

茶具十二圖

韋鴻臚

贊曰祝融司夏萬物焦爍火炎昆岡玉石俱焚爾無與焉乃若不使山谷之英隋於塗炭子與有力矣上卿之號頗著微稱

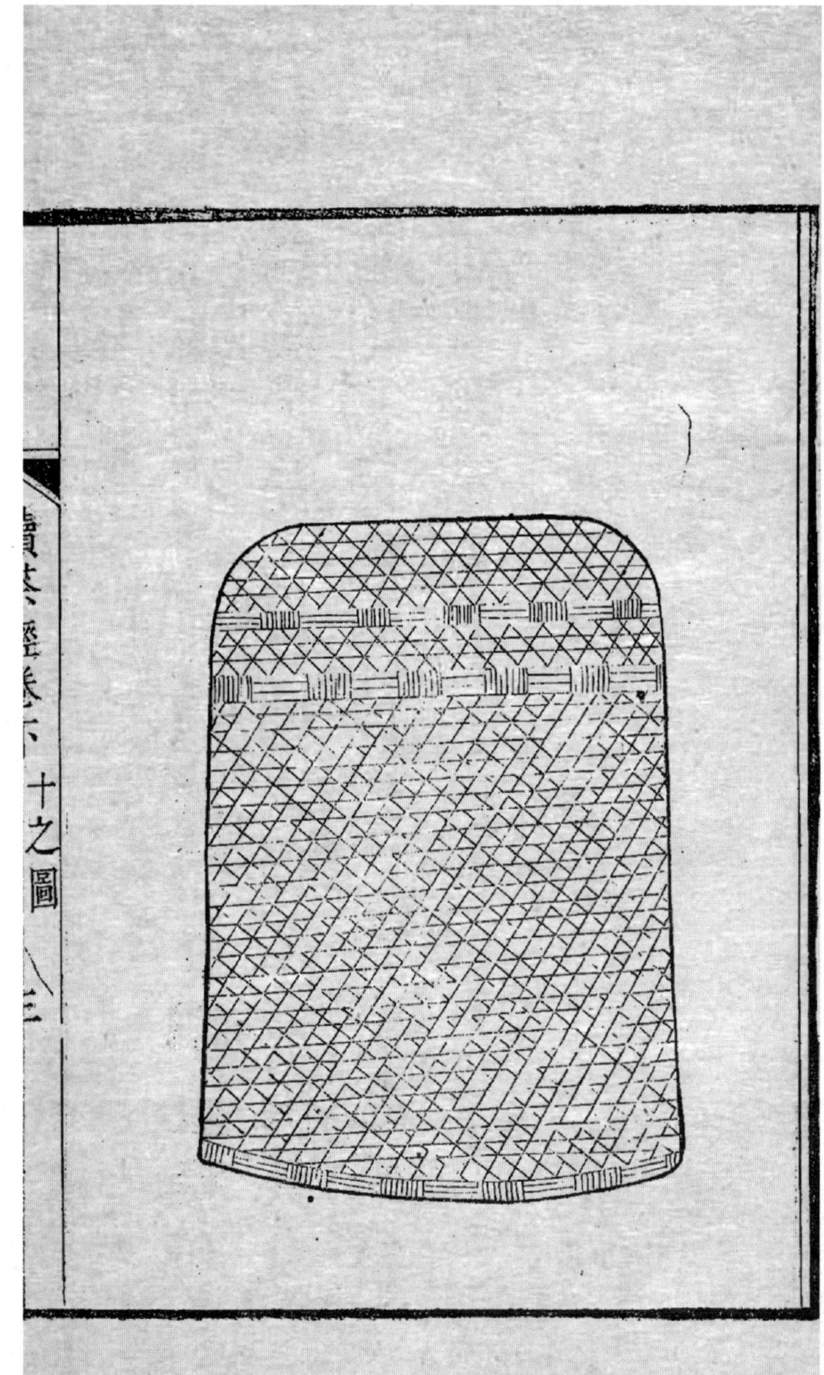
十之圖

木待制

上應列宿萬民以濟稟性剛直摧折

疆梗使隨方逐圓之徒不能保其身

善則善矣然非佐以法曹資之樞密

亦莫能成厥功

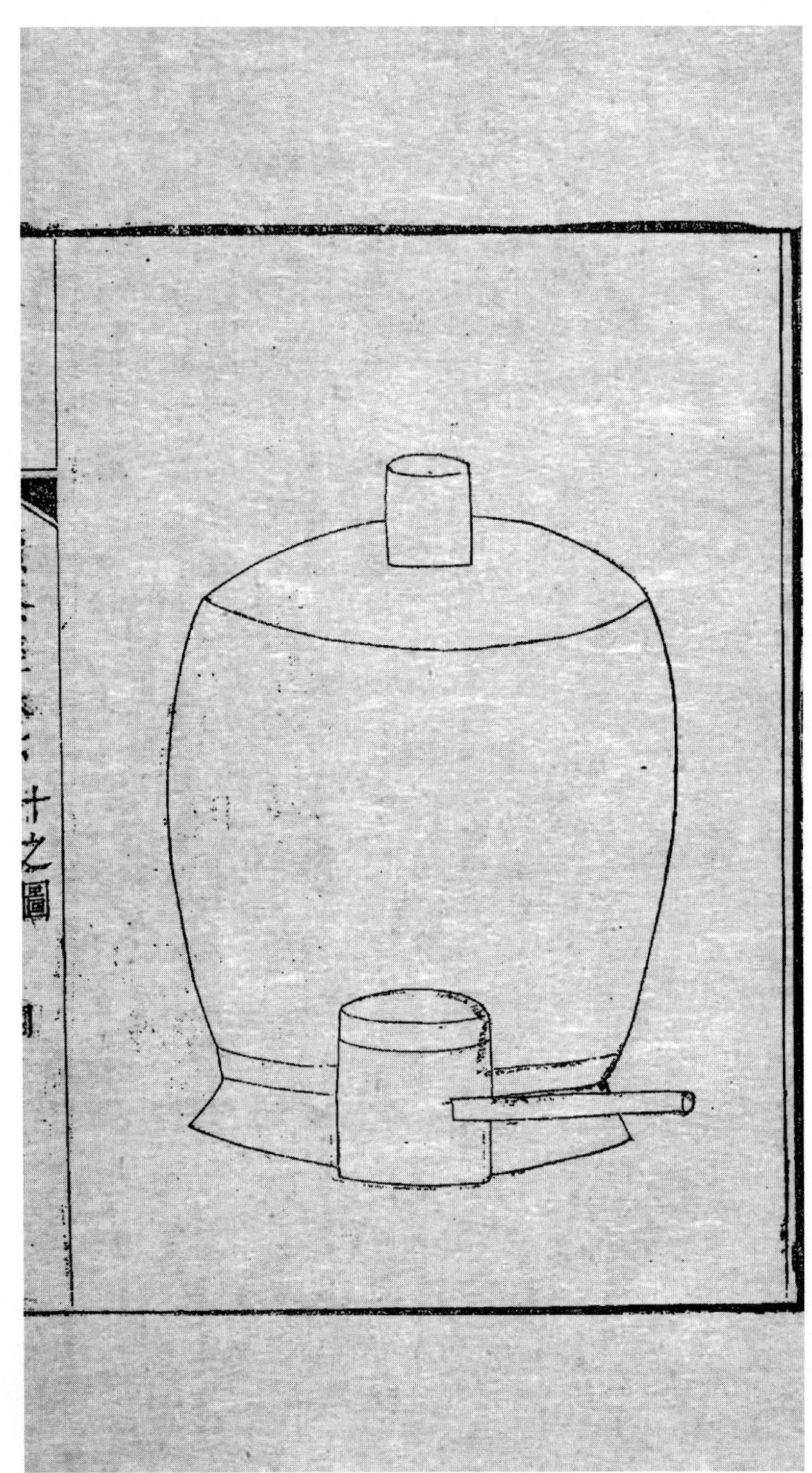

金法曹

柔亦不茹剛亦不吐圓機運用一皆
有法使强梗者不得殊軌亂轍豈不
韙與

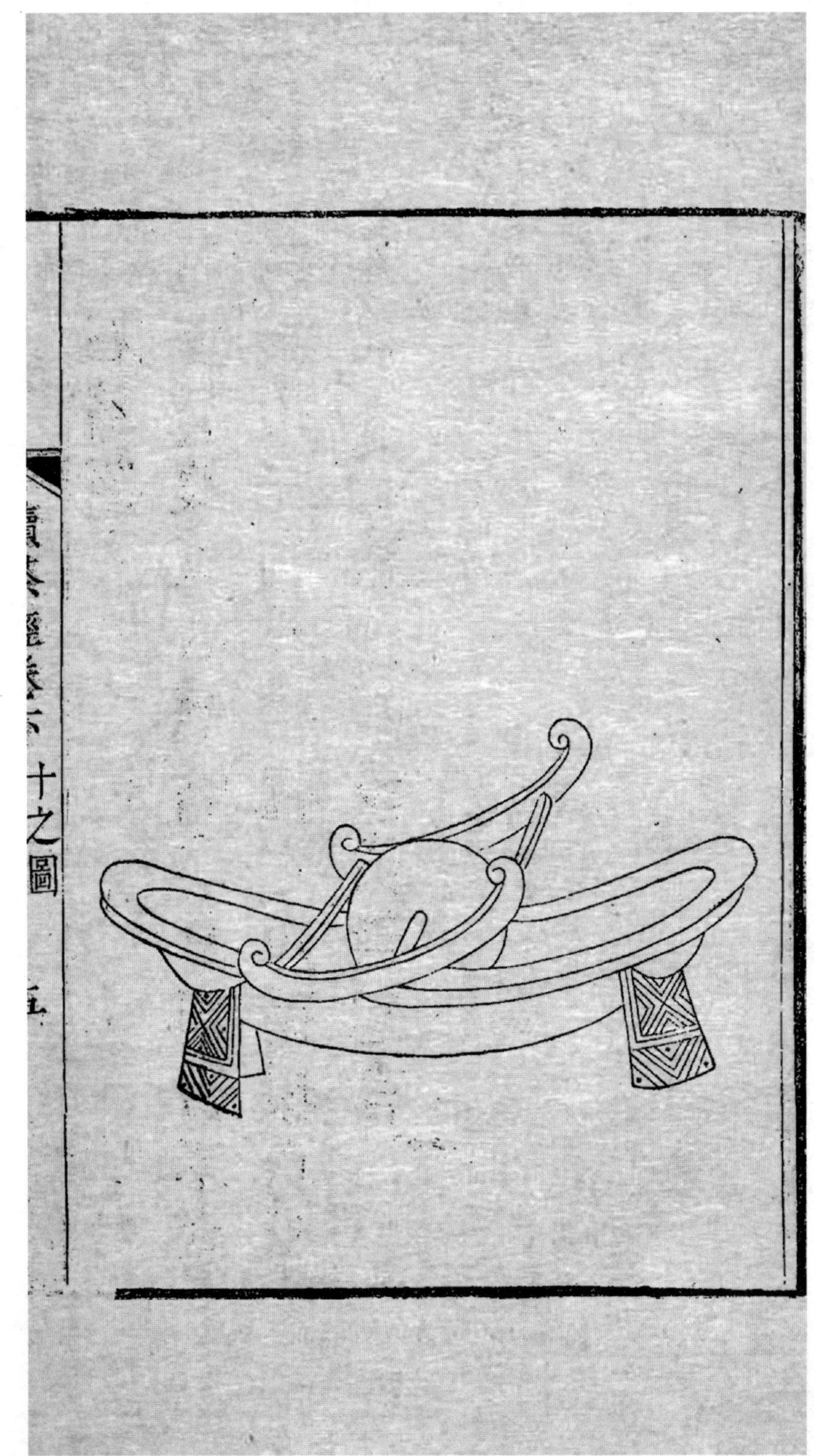
十之圖

石轉運

抱堅質懷直心嚌嚅英華周行不怠

斡摘山之利操漕權之重循環自常

不舍正而適他雖沒齒無怨言

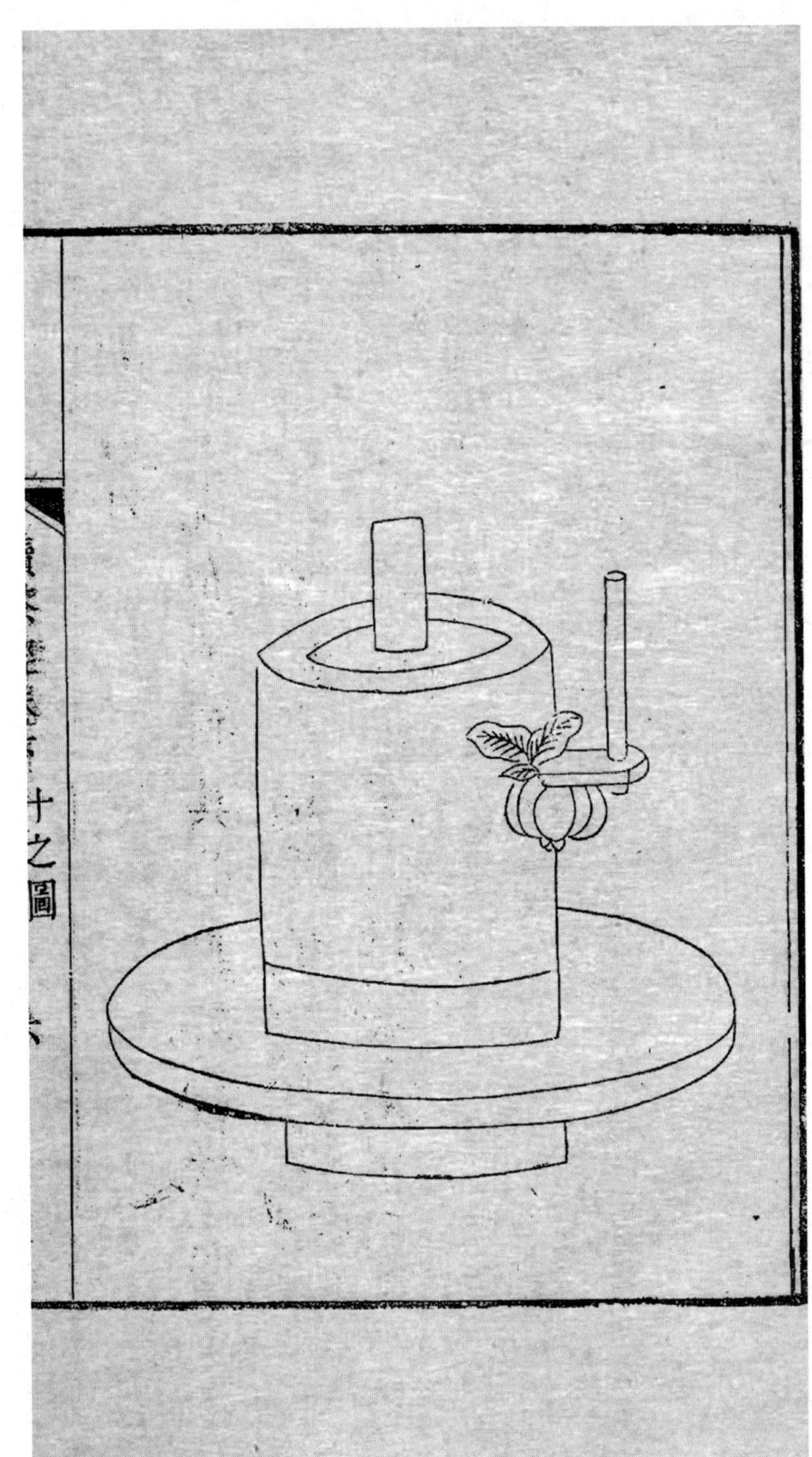
十之圖

胡員外

周旋中規而不逾其間動靜有常而性苦其卓鬱結之患悉能破之雖中無所有而外能研究其精微不足以望圓機之士

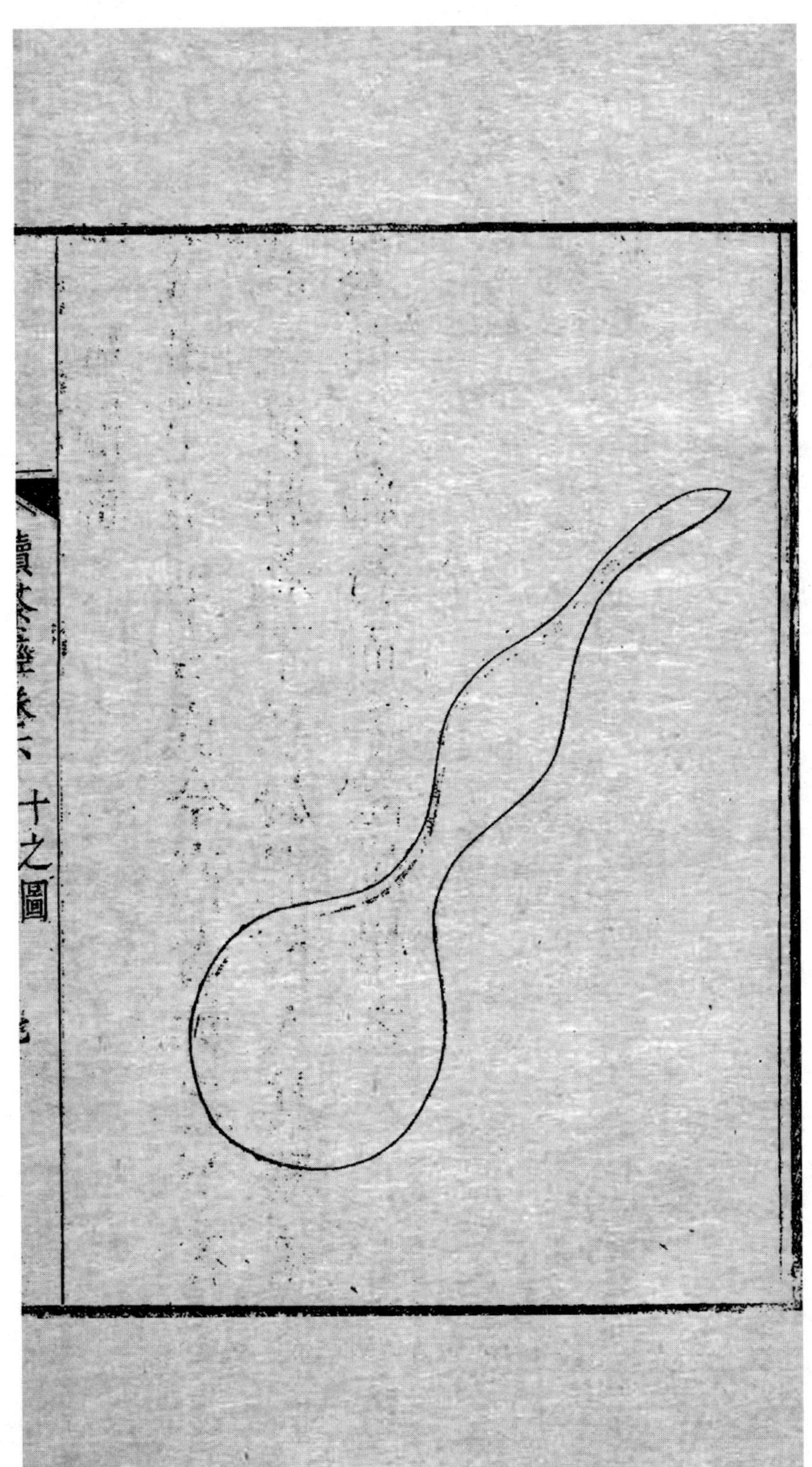
十之圖

羅樞密

機事不密則害成令高者抑之下者揚之使精粗不致於混殽人其難諸奈何矜細行而事諠譁惜之

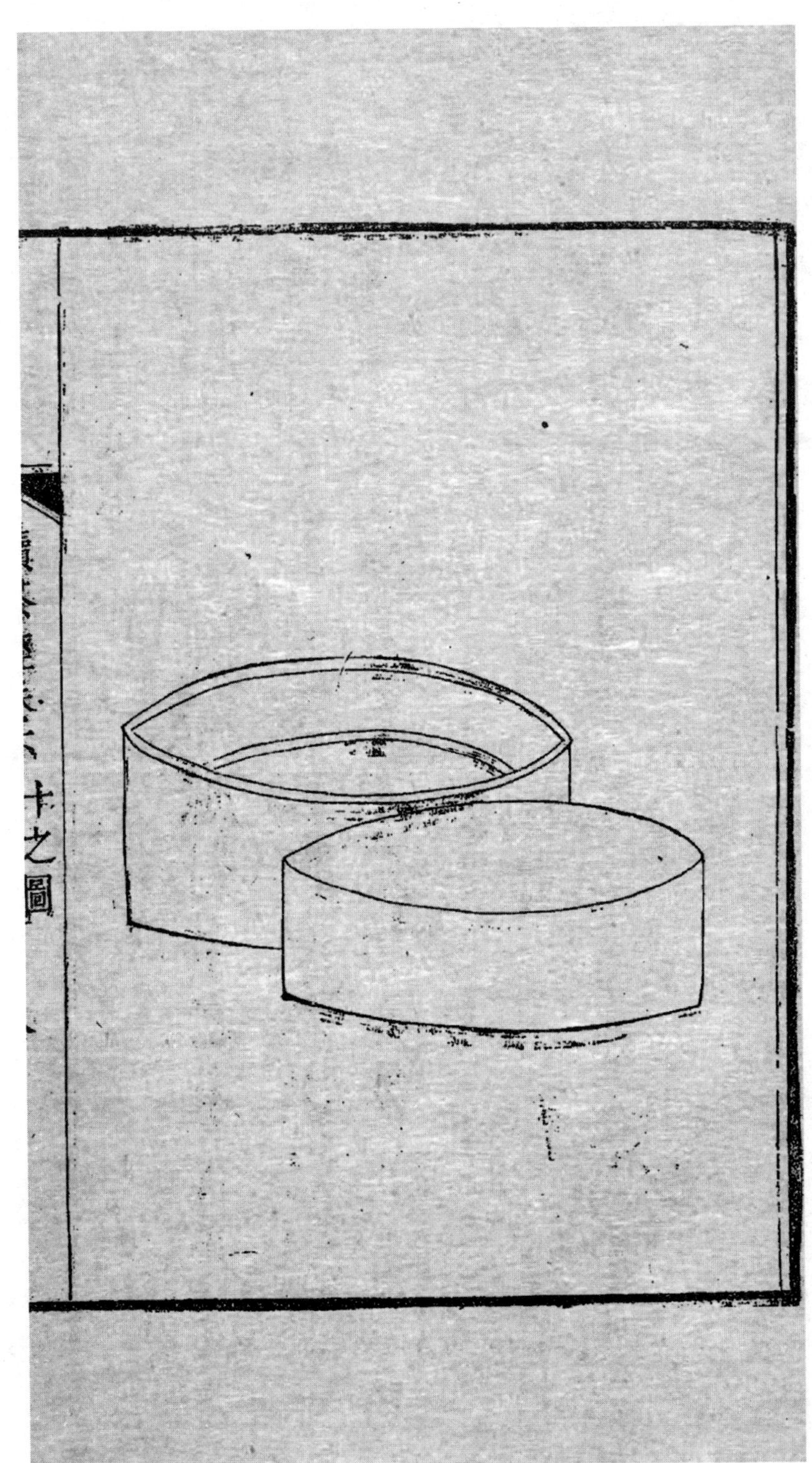

宗從事

孔門高弟當灑掃應對事之末者亦所不棄又況能萃其既散拾其已遺運寸毫而使邊塵不飛功亦善哉

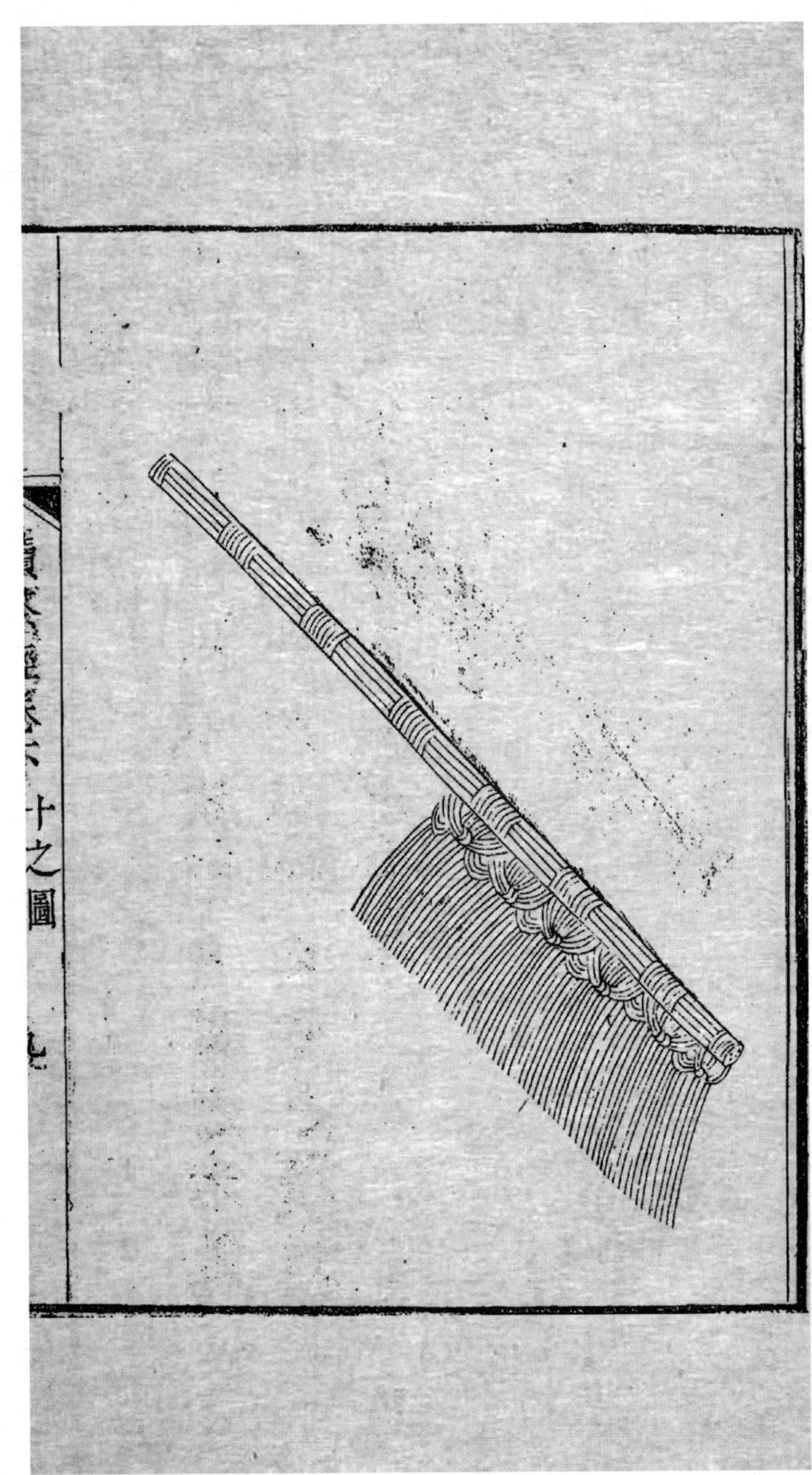

漆雕秘閣

危而不持顛而不扶則吾斯之未能信以其弭執熱之患無拗堂之覆故宜輔以寶文而親近君子

續茶經卷下 十之圖

陶寶文

出河濵而無苦窳經緯之象剛柔之理炳其綳中虛已待物不飾外貌休高秘閣宜無愧焉

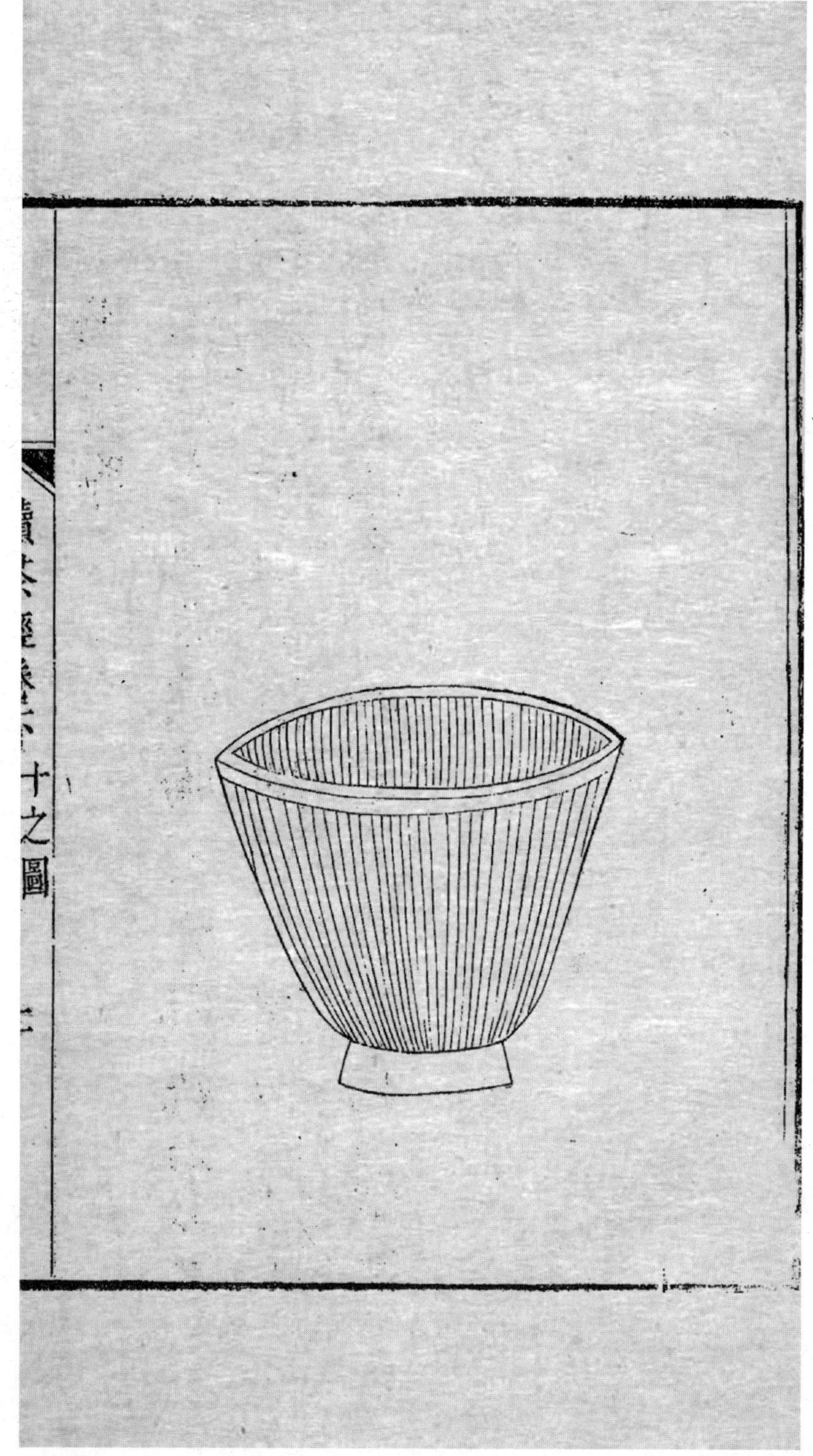
十之圖

湯提點

養浩然之氣發沸騰之聲以執中之能輔成湯之德斟酌賓主間功邁仲叔圉然未免外爍之憂復有內熱之患奈何

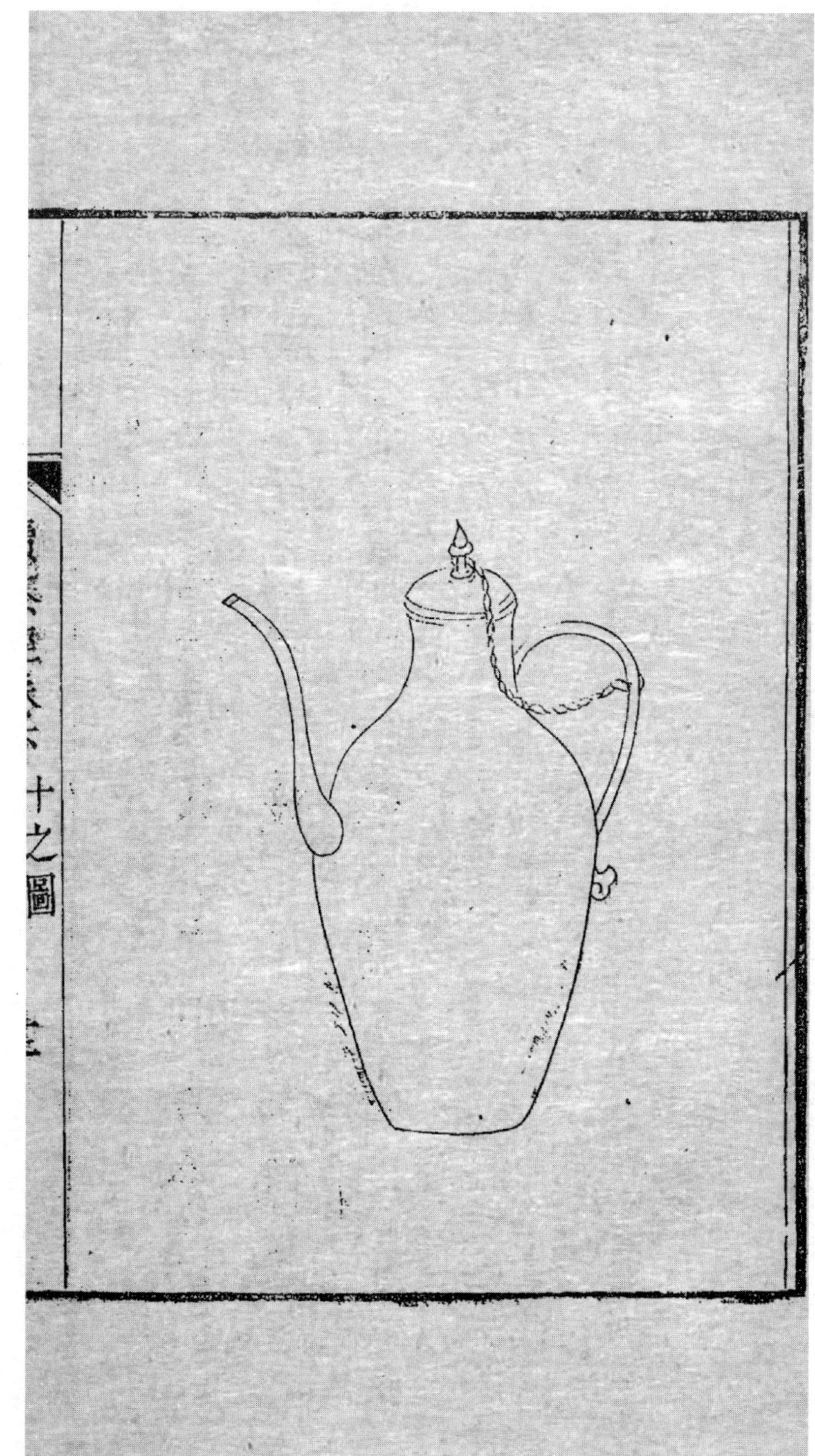
十之圖

竺副帥

首陽餓夫毅諫於兵沸之時方今鼎揚湯能探其沸者幾希子之淸節獨以身試非臨難不顧者疇見爾

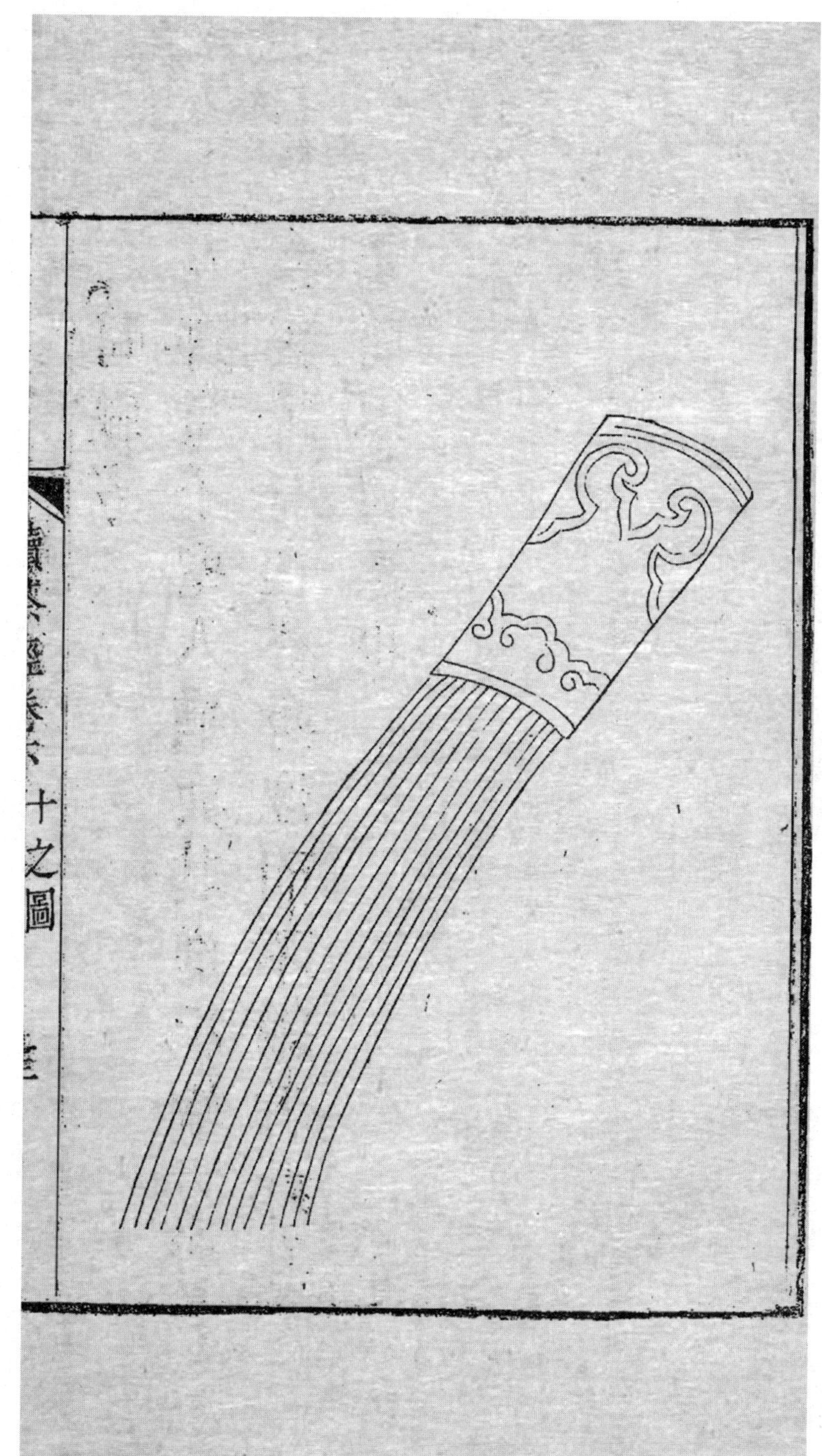

司職方

互鄉童子聖人猶與其進況端方質素經緯有理終身涅而不緇者此孔子所以與潔也

竹爐并分封茶具六事

苦節君

銘曰肖形天地匪冶匪陶心存活火聲帶湘濤一滴甘露滌我詩腸清風兩腋洞然八荒　錫山盛顒

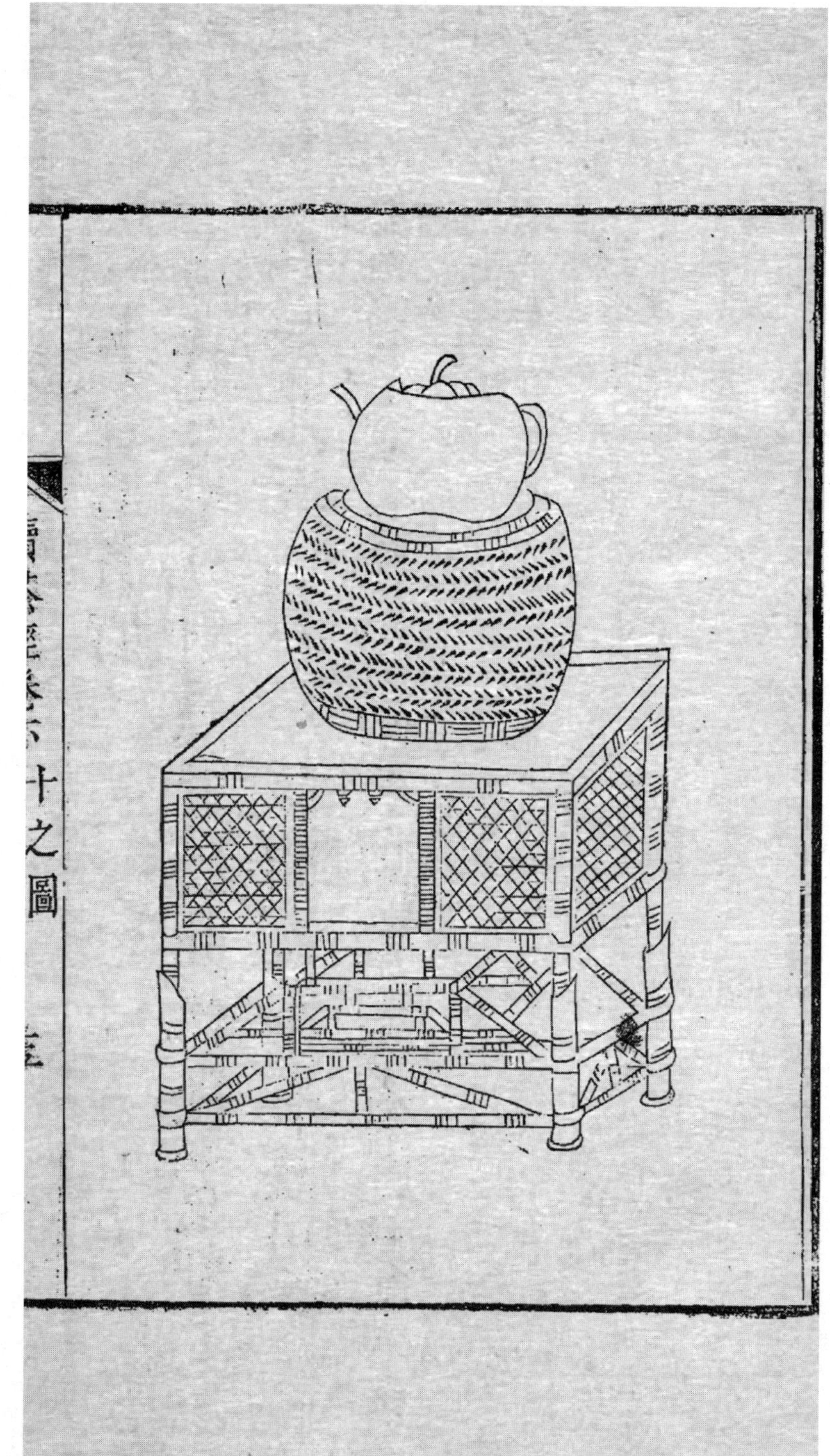
十之圖

苦節君行省

茶具六事分封悉貯於此侍從苦節君於泉石山齋亭館間執事者故以行省名之陸鴻漸所謂都籃者此其是與

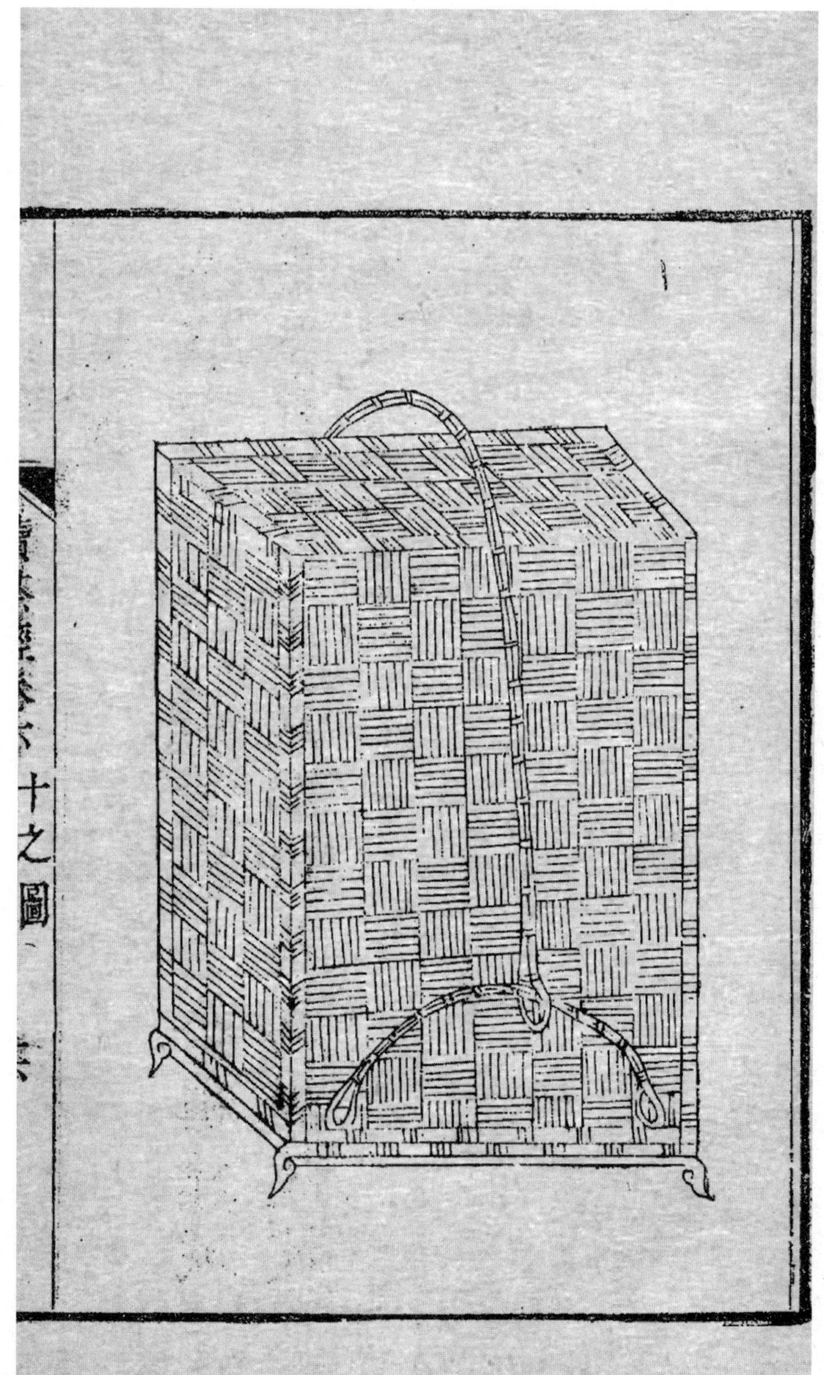
十之圖

建城

茶宜密裹故以篛籠盛之今稱建城按茶錄云建安民間以茶爲尚故據地以城封之

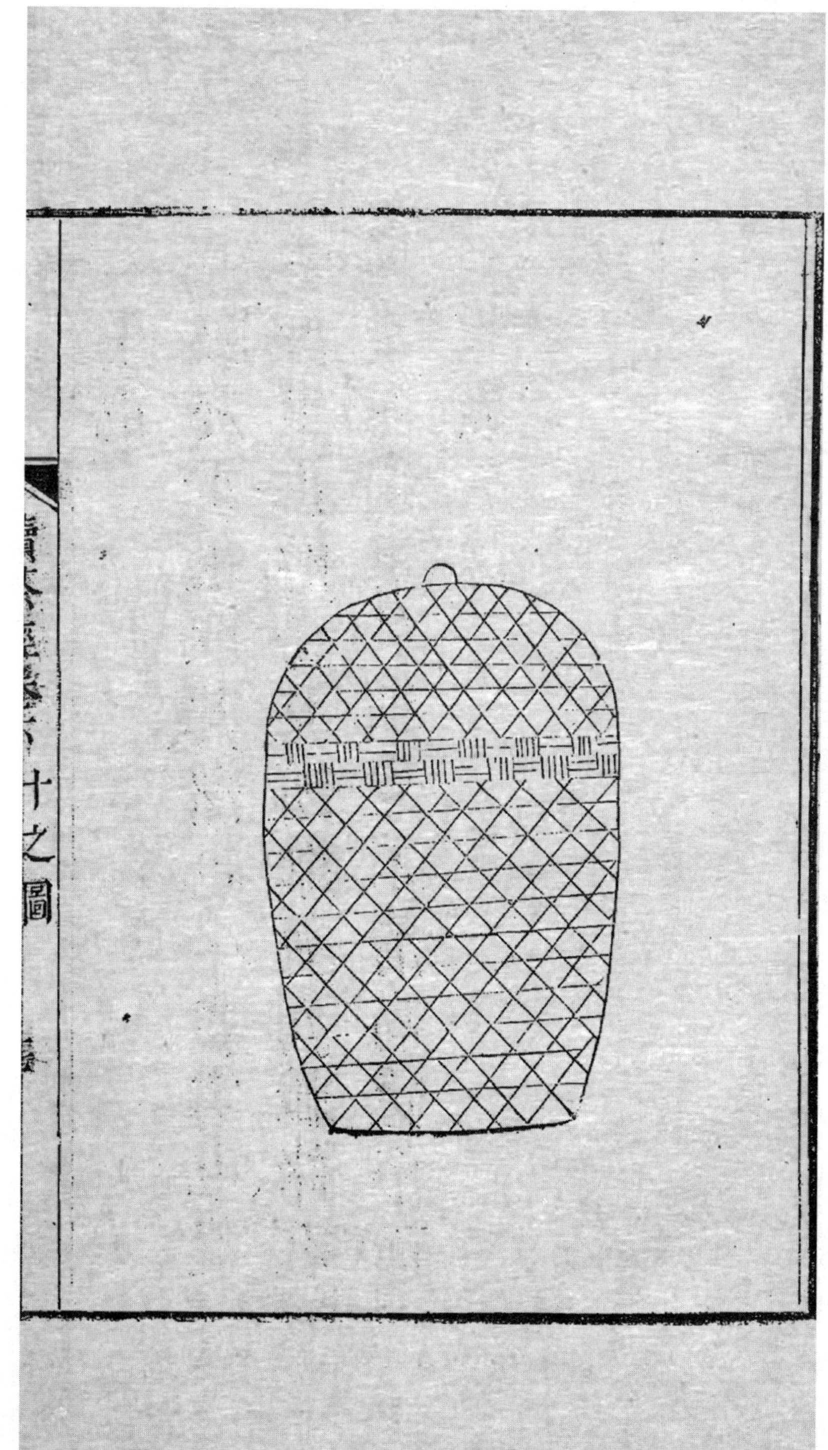
十之圖

雲屯

泉汲於雲根取其潔也今名雲屯蓋雲即泉也貯得其所雖與列職諸君同事而獨屯於斯豈不清高絕俗而自貴哉

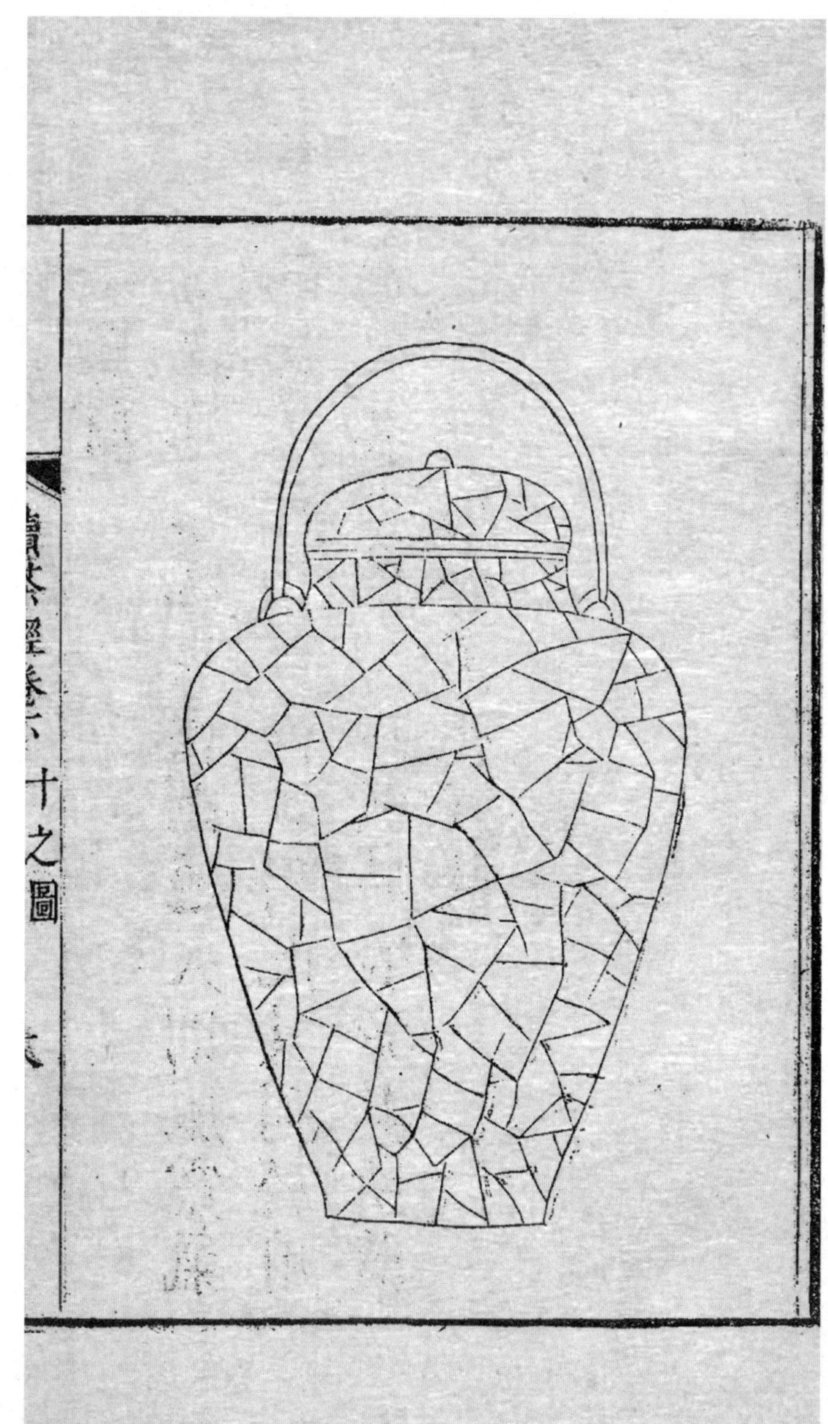
十之圖

烏府

炭之爲物貌玄性剛遇火則威靈氣燄赫然可畏苦節君得此甚利於用也况其別號烏銀故特表章其所藏之具曰烏府不亦宜哉

水曹

茶之眞味蘊諸旗鎗之中必浣之以水而後發也凡器物用事之餘未免殘瀝微垢皆賴水沃盥因名其器曰水曹

十之圖

器局

一應茶具收貯於器局供役苦節君者故立名管之

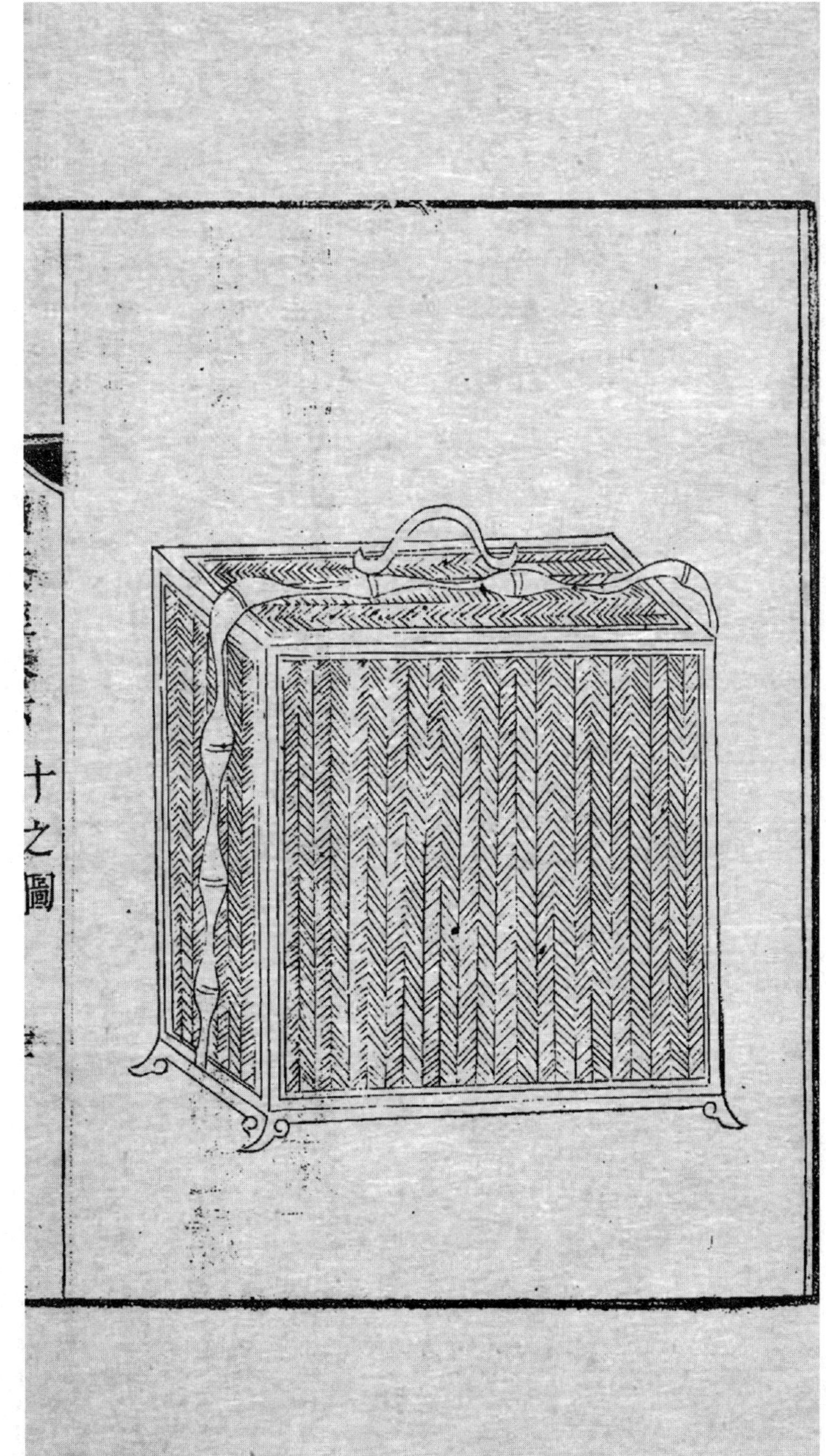

品司

茶欲啜時入以笋欖瓜仁芹蒿之屬則清而且佳因命湘君設司檢束

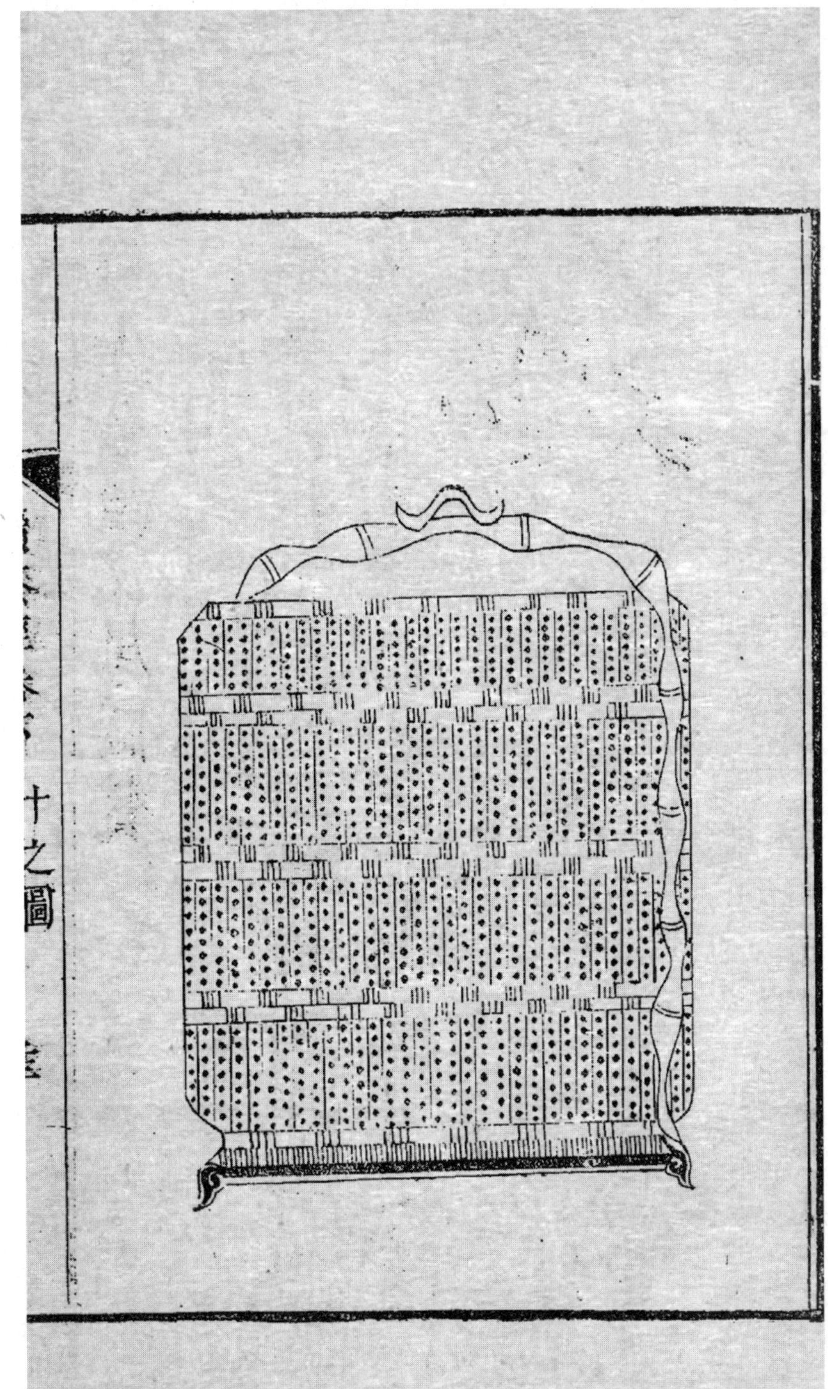

羅先登續文房圖贊

玉川先生

毓秀蒙頂蜚英玉川搜攪胸中書傳

五千儒素家風清淡滋味君子之交

其淡如水

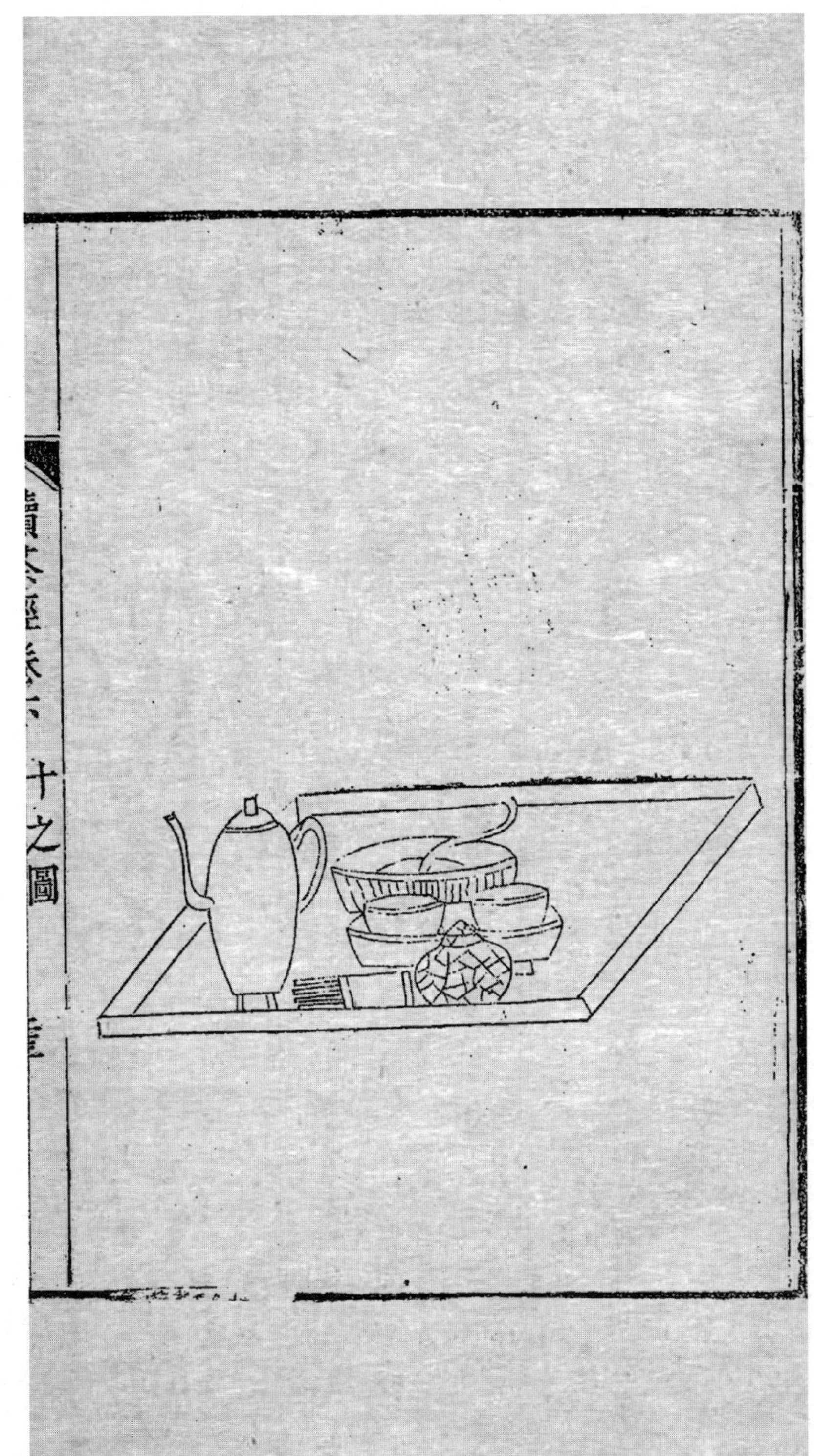
十之圖

續茶經卷下

男　紹良　較字

續茶經附錄

嘉定陸廷燦幔亭 輯

茶法

唐書德宗納戶部侍郎趙贊議稅天下茶漆竹木十取一以爲常平本錢及出奉天乃悼悔下詔亟罷之及朱泚平佞臣希意興利者益進貞元八年以水災減稅明年諸道鹽鐵使張滂奏出茶州縣若山及商人要路以三等定估十稅其一自是歲得錢四十萬緡穆宗即位鹽鐵使王播圖寵以自幸乃增天下茶稅率百錢增五十天下茶加斤至二十兩播又奏加

取焉右拾遺李珏上疏謂榷率本濟軍興而稅茶自貞元以來方有之天下無事忽厚斂以傷國體一不可茗爲人飲鹽粟同資若重稅之售必高其弊先及貧下二不可山澤之產無定數程斤論稅以售多爲利若騰價則市者寡其稅幾何三不可其後王涯判二使置榷茶使徙民茶樹于官塲焚其舊積者天下大怨令狐楚代爲鹽鐵使兼榷茶使復令納榷加價而已李石爲相以茶稅皆歸鹽鐵復貞元之制武宗卽位崔珙又增江淮茶稅是時茶商所過州縣有重稅或奪掠舟車露積雨中諸道置邸以收稅謂之踏

地錢大中初轉運使裴休著條約私鬻如法論罪天下稅茶增倍貞元江淮茶爲大模一斤至五十兩諸道鹽鐵使于悰每斤增稅錢五謂之剩茶錢自是斤兩復舊

元和十四年歸光州茶園于百姓從刺史房克讓之請也

裴休領諸道鹽鐵轉運使立稅茶十二法人以爲便

藩鎮劉仁恭禁南方茶自擷山爲茶號山曰大恩以邀利

何易于爲益昌令鹽鐵官榷取茶利詔下所司毋敢

隱易于視詔曰益昌人不征茶且不可活矧厚賦毒之乎命吏閣詔吏曰天子詔何敢拒吏坐死公得免竄耶易于曰吾敢愛一身移暴于民乎亦不使罪及爾曹即自焚之觀察使素賢之不劾也

陸贄爲宰相以賦役煩重上疏云天災流行四方代有稅茶錢積戶部者宜計諸道戶口均之

五代史楊行密字化源議出鹽茗俾民輸帛幕府高勗曰創破之餘不可以加斂且帑貲何患不足若悉我所有以易四鄰所無不積財而自有餘矣行密納之

宋史榷茶之制擇要會之地曰江陵府曰眞州曰海州曰漢陽軍曰無爲軍曰蘄之蘄口爲榷貨務六初京城建安襄復州皆有務後建安襄復之務廢京城務雖存但會給交鈔往還而不積茶貨在淮南則蘄黃廬舒光壽六州官自爲場置吏總謂之山場者十三六州採茶之民皆隸焉謂之園戸歲課作茶輸租餘則官悉市之總爲歲課八百六十五萬餘斤其出鬻者皆就本場在江南則宣歙江池饒信洪撫筠袁十州廣德興國臨江建昌南康五軍兩浙則杭蘇明越婺處温台湖常衢睦十二州荆湖則江陵府潭澧

鼎鄂岳歸峽七州荊門軍福建則建劍二州歲如山場輸租折稅總爲歲課江南百二十七萬餘斤兩浙百二十七萬九千餘斤荊湖二百四十七萬餘斤福建三十九萬三千餘斤悉送六榷貨務鬻之茶有二類曰片茶曰散茶片茶蒸造實棬模中串之唯建劍則既蒸而研編竹爲格置焙室中最爲精潔他處不能造有龍鳳石乳白乳之類十二等以充歲貢及邦國之用其出虔袁饒池光歙潭岳辰澧州江陵府興國臨江軍有仙芝玉津先春緑芽之類二十六等兩浙及宣江鼎州又以上中下或第一至第五爲號散

茶出淮南歸州江南荆湖有龍溪雨前雨後之類十一等江浙又有上中下或苐一等至苐五爲號者民之欲茶者售於官給其食用者謂之食茶出境者則給券商賈貿易入錢若金帛京師榷貨務以射六務十三場願就東南入錢若金帛者聽凡民茶匿不送官及私販鬻者没入之計其直論罪園户輒毁敗茶樹者計所出茶論如法民造温桑爲茶比犯真茶計直十分論二分之罪主吏私以官茶貿易及一貫五百者死自後定法務從輕减太平興國二年主吏盗官茶販鬻錢三貫以上黥面送闕下淳化三年論直

十貫以上黥面配本州牢城巡防卒私販茶依舊條加一等論凡結徒持仗販易私茶遇官司擒捕抵拒者皆死太平興國四年詔鬻僞茶一斤杖一百二十斤以上棄市厥後更改不一載全史

陳恕爲三司使將立茶法召茶商數十人俾條陳利害第爲三等具奏太祖曰吾視上等之說取利太深此可行于商賈不可行于朝廷下等之說固滅裂無取惟中等之說公私皆濟吾裁損之可以經久行之數年公用足而民富實

太祖開寶七年有司以湖南新茶異于常歲請高其

價以鬻之太祖曰道則善毋乃重困吾民乎即詔茶
復舊制勿增價值
熙寧三年熙河運使以歲計不足乞以官茶博糴每
茶三斤易粟一斛其利甚溥朝廷謂茶馬司本以博
馬不可以博糴于茶馬司歲額外增買川茶兩倍朝
廷别出錢二萬給之令提刑司封椿又令茶馬官程
之邵兼轉運使由是數歲邊用粗足
神宗熙寧七年幹當公事李杞入蜀經畫買茶秦鳳
熙河博馬王上韶言西人頗以善馬至邊交易所嗜
惟茶

自熙豐以來舊博馬皆以粗茶乾道之末始以細茶遺之成都利州路十二州產茶二千一百二萬斤茶馬司所收大較若此

茶利嘉祐間禁榷時取一年中數計一百九萬四千九十三貫八百八十五　治平間通商後計取數一百一十七萬五千一百四貫九百一十九錢

瓊山邱氏曰後世以茶易馬始見於此蓋自唐世回紇入貢先已以馬易茶則西北之嗜茶有自來矣

蘇轍論蜀茶狀園戶例收晚茶謂之秋老黃茶不限早晚隨時即賣

沈括夢溪筆談乾德二年始詔在京建州漢陽蘄口各置榷貨務五年始禁私賣茶從不應爲情理重太平興國二年刪定禁法條貫始立等科罪淳化二年令商賈就園戶買茶公於官場貼射始行貼射法淳化四年初行交引罷貼射法西北入粟給交引自通利軍始是歲罷諸處榷貨務尋復依舊至咸平元年茶利錢以一百三十九萬二千一百一十九貫爲額至嘉祐三年凡六十一年用此額官本雜費皆在內中間時有增虧歲入不常咸平五年三司使王嗣宗始立三分法以十分茶價四分給香藥三分犀象三

分茶引六年又改支六分香藥犀象四分茶引景德二年許人入中錢帛金銀謂之三說至祥符九年茶引益輕用知秦州曹瑋議就永興鳳翔以官錢收買客引以救引價前此累增加饒錢至天禧二年鎮戎軍納大麥一斗本價通加饒共支錢一貫二百五十四乾興元年改二分法支茶引三分東南見錢二分半香藥四分半天聖元年復行貼射法行之三年茶利盡歸大商官場但得黃晚惡茶乃詔孫奭重議罷貼射法明年推治元議省吏計覆官旬獻官皆決配沙門島元詳定樞密副使張鄧公參知政事呂許公

魯肅簡各罰俸一月御史中丞劉錡入內內侍省副都知周文質西上閤門使薛招廊三部副使各罰銅二十斤前三司使李諮落樞密直學士依舊知洪州皇祐三年算茶依舊只用見錢至嘉祐四年二月五日降勅罷茶禁

洪邁容齊隨筆蜀茶稅額總三十萬熙寧七年遣三司幹當公事李杞經畫買茶以蒲宗閔同領其事剏設官場增爲四十萬後李杞以疾去都官郎中劉佐繼之蜀茶盡榷民始病矣知彭州呂陶言天下茶法既通蜀中獨行禁榷杞佐宗閔作爲弊法以囷西南

生聚佐雖罷去以國子博士李稷代之陶亦得罪侍御史周尹復極論榷茶爲害罷爲河北提點刑獄利路漕臣張宗諤張升卿復建議廢茶場司依舊通商皆爲稷劾坐貶茶場司行劄子督綿州彰明知縣宋大章繳奏以爲非所當用又爲稷詆坐衝替一歲之間通課利及息耗至七十六萬緡有奇

熊蕃宣和北苑貢茶錄陸羽茶經裴汶茶述皆不第建品說者但謂二子未嘗至閩而不知物之發也固自有時蓋昔者山川尙閟靈芽未露至於唐末然後北苑出爲之最時僞蜀詞臣毛文錫作茶譜亦第言

建有紫筍而蠟面乃產於福五代之季建屬南唐歲率諸縣民采茶北苑初造研膏繼造蠟面既又製其佳者號曰京挺本朝開寶末下南唐太平興國二年特置龍鳳模遣使即北苑造團茶以別庶飲龍鳳茶蓋始於此又一種茶叢生石崖枝葉尤茂至道初有詔造之別號石乳又一種號的乳又一種號白乳此四種出而臘面斯下矣眞宗咸平中丁謂爲福建漕監御茶進龍鳳團始載之於茶錄仁宗慶曆中蔡襄爲漕改刱小龍團以進甚見珍惜旨令歲貢而龍鳳遂爲次矣神宗元豐間有旨造密雲龍其品又加於

小龍團之上哲宗紹聖中又改爲瑞雲翔龍至徽宗大觀初親製茶論二十篇以白茶自爲一種與他茶不同其條敷闡其葉瑩薄崖林之間偶然生出非人力可致正焙之有者不過四五家家不過四五株所造止於二三銙而已淺焙亦有之但品格不及於是白茶遂爲第一既又製三色細芽及試新銙貢新銙自三色細芽出而瑞雲翔龍又下矣凡茶芽數品最上曰小芽如雀舌鷹爪以其勁直纖挺故號芽茶次曰揀芽乃一芽帶一葉者號一鎗一旗次曰中芽乃一芽帶兩葉號一鎗兩旗其帶三葉四葉者漸老矣

芽茶早春極少景德中建守周絳爲補茶經言芽茶只作早茶馳奉萬乘嘗之可矣如一鎗一旗可謂奇茶也故一鎗一旗號揀芽最爲挺特光正舒王送人閩中詩云新茗齋中試一旗謂揀芽也或者謂茶芽未展爲鎗已展爲旗指舒王此詩爲誤蓋不知有所謂揀芽也夫揀芽猶貴重如此而況芽茶以供天子之新嘗者乎夫芽茶絶矣至於水芽則曠古未之聞也宣和庚子歲漕臣鄭可簡始創爲銀絲水芽蓋將已揀熟芽再爲剔去祗取其心一縷用珍器貯清泉漬之光明瑩潔如銀絲然以制方寸新銙有小龍蜿

蜒其上號龍團勝雪又廢白的石乳鼎造花銙二十餘色初貢茶皆入龍腦至是慮奪眞味始不用焉蓋茶之妙至勝雪極矣故合爲首冠然猶在白茶之次者以白茶上之所好也異時郡人黄儒撰品茶要錄極稱當時靈芽之富謂使陸羽數子見之必爽然自失蕃亦謂使黄君而閱今日之品則前此者未足詫焉然龍焙初興貢數殊少累增至於元符以斤計者一萬八千視初已加數倍而猶未盛今則爲四萬七千一百斤有奇矣此數見范逵所著龍焙美成茶錄逵茶官也白茶勝雪以次厥名實繁今列於左使好事者得以觀焉

貢新銙大觀二年造　試新銙政和二年造　白茶宣和二年造

龍團勝雪宣和二年　御苑玉芽大觀二年　萬壽龍芽大觀二年

上林第一宣和二年　乙夜清供　承平雅玩

龍鳳英華　玉除清賞　啓沃承恩

雪英　雲葉　蜀葵

金錢宣和三年　玉華宣和二年　寸金宣和三年

無比壽芽大觀四年　萬春銀葉宣和二年　宜年寶玉

玉清慶雲　無疆壽龍　玉葉長春宣和四年

瑞雲翔龍紹聖二年　長壽玉圭政和二年　興國岩銙

香口焙銙　上品揀芽紹興二年　新收揀芽

太平嘉瑞政和二年　龍苑報春宣和四年　南山應瑞

興國岩揀芽　興國岩小龍　興國岩小鳳

以上號細色　揀芽　小龍

小鳳　大龍　大鳳以上號粗色

又有瓊林毓粹浴雪呈祥壑源供重篚推先價倍

南金暘谷先春壽岩却勝延平石乳清白可鑒風

韻甚高凡十色皆宣和二年所製越五歲省去

右茶歲分十餘綱惟白茶與勝雪自驚蟄前興役浹

日乃成飛騎疾馳不出仲春已至京師號爲頭綱玉

芽以下即先後以次發逮貢足時夏過半矣歐陽公

詩云建安三千五百里京師三月嘗新茶蓋異時如此以今較昔又爲最早因念草木之微有瓌奇卓異亦必逢時而後出而況爲士者哉昔昌黎感二鳥之蒙采擢而自悼其不如今蕃於是茶也焉敢効昌黎之感姑務自警而堅其守以待時而已

外焙

石門　乳吉　香口

右三焙常後北苑五七日興工每日采茶蒸榨以其黄悉送北苑併造

北苑别錄先人作茶錄當貢品極勝之時凡有四十

餘色紹興戊寅歲克攝事北苑閱近所貢皆仍舊其先後之序亦同惟躋龍團勝雪於白茶之上及無興國岩小龍小鳳蓋建炎南渡有旨罷貢三之一而省去之也先人但著其名號克今更寫其形製庶覽之無遺恨焉先是任子春漕司再攝茶政越十三載乃復舊額且用政和故事補種茶二萬株（政和周曹此種三萬株）年益虔貢職遂有創增之目仍改京挺爲大龍團由是大龍多於大鳳之數凡此皆近事或者猶未之知也三月初吉男克北苑寓舍書

貢新銙 竹圈銀模 方一寸二分 試新銙 仝上

龍團勝雪　仝上　白茶　銀圈銀模　徑一寸五分

御苑玉芽　銀圈銀模　徑一寸五分　萬壽龍芽　仝上

上林第一　方一寸二分　乙夜清供　竹圈

承平雅玩　龍鳳英華　玉除清賞

啓沃承恩　俱仝上　雪英　横長一寸五分

雲葉　仝上　蜀葵　徑一寸五分

金錢　銀模　仝上　玉華　銀模　横長一寸五分

寸金　竹圈　方一寸二分　無比壽芽　銀模竹圈　仝上

萬春銀葉　銀模銀圈　兩尖徑二寸二分

宜年寶玉　銀圈銀模　直長三寸

玉清慶雲　方一寸八分

無疆壽龍銀模竹圈　直長一寸

玉葉長春竹圈　直長三寸六分

瑞雲翔龍銀模銀圈　徑二寸五分

長壽玉圭銀模　直長三寸

興國岩銙竹圈　方一寸二分　香口焙銙仝上

上品揀芽銀模銀圈　新收揀芽銀模銀圈俱仝上

太平嘉瑞銀圈　徑一寸五分

龍苑報香　徑一寸七分

南山應瑞銀模銀圈　方一寸八分

興國岩揀芽銀模徑三寸　小龍

小鳳　大龍　大鳳俱仝上

北苑貢茶最盛然前輩所錄止於慶曆以上自元豐後瑞龍相繼挺出制精於舊而未有好事者記焉但於詩人句中及大觀以來增創新銙亦猶用揀芽蓋水芽至宣和始名顧龍團勝雪與白茶角立歲元首貢自御苑玉芽以下厥名實繁先子觀見時事悉能記之成編具存今閩中漕臺所刊茶錄未備此書庶幾補其闕云淳熙九年冬十二月四日朝散郎行祕書郎國史編修官學士院權直熊克謹記

北苑貢茶綱次

細色第一綱

龍焙貢新　水芽　十二水　十宿火

正貢三十銙　創添二十銙

細色第二綱

龍焙試新　水芽　十二水　十宿火

正貢一百銙　創添五十銙

細色第三綱

龍團勝雪　水芽　十六水　十二宿火

正貢三十銙　續添二十銙　創添二十銙

白茶　水芽　十六水　七宿火
正貢三十銙　續添五十銙　創添八十銙
御苑玉芽
小芽　十二水　八宿火　正貢一百片
萬壽龍芽
小芽　十二水　八宿火　正貢一百片
上林第一
小芽　十二水　十宿火　正貢一百銙
乙夜清供
小芽　十二水　十宿火　正貢一百銙

承平雅玩

小芽　十二水　十宿火　正貢一百銙

龍鳳英華

小芽　十二水　十宿火　正貢一百銙

玉除清賞

小芽　十二水　十宿火　正貢一百銙

啓沃承恩

小芽　十二水　十宿火　正貢一百銙

雪英

小芽　十二水　七宿火　正貢一百銙

雲葉　小芽　十二水　七宿火　正貢一百片

蜀葵　小芽　十二水　七宿火　正貢一百片

金錢　小芽　十二水　七宿火　正貢一百片

寸金　小芽　十二水　七宿火　正貢一百銙

細色第四綱

龍團勝雪　見前　正貢一百五十銙

無比壽芽　小芽　十二水　十五宿火

正貢五十銙　創添五十銙

萬春銀葉　小芽　十二水　十宿火

正貢四十片　創添六十片

宜年寶玉　小穿　十二水　十宿火

正貢四十片　創添六十片

玉淸慶雲　小芽　十二水　十五宿火

正貢四十片　創添六十片

無疆壽龍　小芽　十二水　十五宿火

正貢四十片　創添六十片

玉葉長春　小芽　十二水　七宿火

正貢一百片

瑞雲翔龍　小芽　十二水　九宿火

正貢一百片

長壽玉圭　小芽　十二水　九宿火

正貢二百片

興國岩銙　中芽　十二水　十宿火

正貢一百七十銙

香口焙銙　中芽　十二水　十宿火

正貢五十銙

上品揀芽　小芽　十二水　十宿火

正貢一百片

新收揀芽　中芽　十二水　十宿火

正貢六百片

細色第五綱

太平嘉瑞　小芽　十二水　九宿火

正貢三百片

龍苑報春　小芽　十二水　九宿火

正貢六十片　創添六十片

南山應瑞　小芽　十二水　十五宿火

正貢六十銙　創添六十銙

興國岩揀芽　中芽　十二水

十宿火　正貢五百十片

興國岩小龍　中芽　十二水

十五宿火　正貢七百五片

興國岩小鳳　中芽　十二水

十五宿火　正貢五十片

先春雨色

太平嘉瑞　仝前　正貢二百片

長壽玉圭　仝前　正貢一百片

續入額四色

御苑玉芽　仝前　正貢一百片

萬壽龍芽　仝前　正貢一百片

無比壽芽　仝前　正貢一百片

瑞雲翔龍　仝前　正貢一百片

麤色第一綱

正貢

不入腦子上品揀芽小龍一千二百片六水

十宿火

入腦子小龍七百片四水十五宿火

增添

不入腦子上品揀芽小龍一千二百片

入腦子小龍七百片

建寧府附發小龍茶八百四十片

麤色第二綱

正貢

不入腦子上品揀芽小龍六百四十片

入腦子小龍六百七十二片

入腦子小鳳一千三百四十片四水十五宿

火

入腦子大龍七百二十片二水十五宿火

入腦子大鳳七百二十片二水十五宿火

增添

不入腦子上品揀芽小龍一千二百片

入腦子小龍七百片

建寧府附發小鳳茶一千三百片

麤色第三綱

正貢

不入腦子上品揀芽小龍六百四十片

入腦子小龍六百四十片

入腦子小鳳六百七十二片

入腦子大龍一千八百片

入腦子大鳳一千八百片

增添

不入腦子上品揀芽小龍一千二百片

入腦子小龍七百片

建寧府附發大龍茶四百片大鳳茶四百片

麤色第四綱

正貢

不入腦子上品揀芽小龍六百片

入腦子小龍三百三十六片

入腦子小鳳三百三十六片

入腦子大龍一千二百四十片

入腦子大鳳一千二百四十片

建寧府附發大龍茶四百片大鳳茶四百片

麤色第五綱

正貢

入腦子大龍一千三百六十八片

入腦子大鳳一千三百六十八片

京鋌改造大龍一千六百片

建寧府附發大龍茶八百片大鳳茶八百片

麤色第六綱

正貢

入腦子大龍一千三百六十片

入腦子大鳳一千三百六十片

京鋌改造大龍一千六百片

建寧府附發大龍茶八百片大鳳茶八百片又

京鋌改造大龍一千二百片

麤色第七綱

正貢

入腦子大龍一千二百四十片

入腦子大鳳一千二百四十片

京鋌改造大龍二千三百二十片

建寧府附發大龍茶二百四十片大鳳茶二百四十片又京鋌改造大龍四百八十片

細色五綱

貢新爲最上後開焙十日入貢龍團爲最精而建人有直四萬錢之語夫茶之入貢圈以箬葉內以黃斗盛以花箱護以重篚花箱內外又有黃羅冪之可謂什襲之珍矣

麤色七綱

揀芽以四十餅爲角小龍鳳以二十餅爲角大龍鳳以八餅爲角圈以箬葉束以紅縷包以紅紙緘以蒨綾惟揀芽俱以黃焉

金史茶自宋人歲供之外皆貿易於宋界之榷場世宗大定十六年以多私販乃定香茶罪賞格章宗承安三年命設官製之以尚書省令史往河南視官造者不嘗其味但採民言謂爲溫桑實非茶也還卽白上以爲不幹杖七十罷之四年三月於淄密寧海蔡州各置一坊造茶照南方例每斤爲袋直六百文後

令每袋減三百文五年春罷造茶之坊六年河南茶樹槁者命補植之十一月尚書省奏禁茶遂命七品以上官其家方許食茶仍不得賣及餽獻七年更定食茶制八年言事者以止可以鹽易茶省臣以爲所易不廣兼以雜物博易宣宗元光二年省臣以茶非飲食之急今河南陝西凡五十餘郡郡日食茶率二十袋直銀二兩是一歲之中妄費民間三十餘萬也奈何以吾有用之貨而資敵乎乃制親王公主及現任五品以上官素蓄存者存之禁不得買餽餘人並禁之犯者徒五年告者賞寶泉一萬貫

元史本朝茶課由約而博大率因宋之舊而爲之制焉至元六年始以興元交鈔同知運使白賡言初榷成都茶課十三年江南平左丞呂文煥首以主茶稅爲言以宋會五十貫準中統鈔一貫次年定長引短引是歲征一千二百餘錠泰定十七年置榷茶都轉運使司於江州路總江淮荆湖福廣之稅而遂除長引專用短引二十一年免食茶稅以益正稅二十三年以李起南言增引稅爲五貫二十六年丞相桑哥增爲一十貫延祐五年用江西茶運副法忽魯丁言減引添錢每引再增爲一十二兩五錢次年課額遂

增爲二十八萬九千二百一十一錠矣天曆已巳罷榷司而歸諸州縣其歲徵之數蓋與延祐同至順之後無籍可考他如范殿帥茶西番大葉茶建寧銙茶亦無從知其始末故皆不著

明會典陝西置茶馬司四河州洮州西寧甘州各司並赴徽州茶引所批驗每歲差御史一員巡茶馬

明洪武間差行人一員齎榜文於行茶所在懸示以肅禁永樂十三年差御史三員巡督茶馬正統十四年停止茶馬金牌遣行人四員巡察景泰二年令川陝布政司各委官巡視罷差行人四年復差行人成

化三年奏准每年定差御史一員陝西巡茶十一年令取回御史仍差行人十四年奏准定差御史一員專理茶馬每歲一代遂爲定例弘治十六年取回御史凡一應茶法悉聽督理馬政都御史兼理十七年令陝西每年於按察司揀憲臣一員駐洮巡禁私茶一年滿日擇一員交代正德二年仍差巡茶御史一員兼理馬政

光祿寺衙門每歲福建等處解納茶葉一萬五千斤先春等茶芽三千八百七十八斤收充茶飯等用

博物典彙云本朝捐茶利予民而不利其入凡前代

所設榷務貼射交引茶由諸種名色今皆無之惟於四川置茶馬司四所於關津要害置數批驗茶引所而已及每年遣行人於行茶地方張挂榜文俾民知禁又於西番入貢爲之禁限每人許其順帶有定數所以然者非爲私奉葢欲資外國之馬以爲邊境之備焉耳

洪武五年戸部言四川産巴茶凡四百四十七處茶戸三百一十五宜依定制每茶十株官取其一歲計得茶一萬九千二百八十斤令有司貯候西番易馬從之至三十一年置成都重慶保寧三府及播州宣

慰司茶倉四所命四川布政司移文天全六番招討司將歲收茶課仍收碉門茶課司餘地方就送新倉收貯聽商人交易及與西番易馬茶課歲額五萬餘斤每百加耗六斤商茶歲中率八十斤令商運賣官取其半易馬納馬番族洮州三十河州四十三又新附歸德所生番十一西寧十三茶馬司收貯官立金牌信符爲驗洪武二十八年駙馬歐陽倫以私販茶撲殺明初茶禁之嚴如此

武夷山志茶起自元初至元十六年浙江行省平章高興過武夷製石乳數斤入獻十九年乃令縣官蒞

之歲貢茶二十斤采摘戶凡八十大德五年興之子久住爲邵武路總管就近至武夷督造貢茶明年剏焙局稱爲御茶園有仁風門第一春殿淸神堂諸景又有通仙井覆以龍亭皆極丹艧之盛設場官二員領其事後歲額浸廣增戶至二百五十茶三百六十斤製龍團五千餅泰定五年崇安令張端本重加修葺於園之左右各建一坊扁曰茶場至順三年建寧總管暗都剌於通仙井畔築臺高五尺方一丈六尺名曰喊山臺其上爲喊泉亭因稱井爲呼來泉舊志云祭後羣喊而水漸盈造茶畢而遂涸故名迨至正

末額凡九百九十斤明初仍之著爲令每歲驚蟄日崇安令具牲醴詣茶場致祭造茶入貢洪武二十四年詔天下產茶之地歲有定額以建寧爲上聽茶戶采進勿預有司茶名有四探春先春次春紫筍不得碾揉爲大小龍團然而祀典貢額猶如故也嘉靖三十六年建寧太守錢嶫因本山茶枯令以歲編茶夫銀二百兩及水腳銀二十兩齎府造辦自此遂罷茶場而崇民得以休息御園尋廢惟井尚存井水淸甘較他泉迥異仙人張邋遢過此飲之曰不徒茶美亦此水之力也

我

朝茶法陝西給番易馬舊設茶馬御史後歸巡撫兼
理各省發引通商止於陝境交界處盤查凡産茶
地方止有茶利而無茶累深山窮谷之民無不沾
濡

雨露耕田鑿井共樂昇平此又有茶以來希遇之盛
也雍正十二年七月既望陸廷燦識

男 紹良 較字

續茶經附錄